U0247347

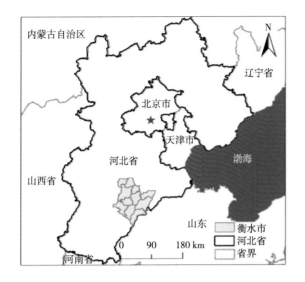

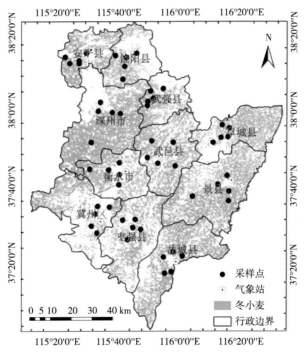

图2.1　研究区、气象站点和冬小麦空间分布

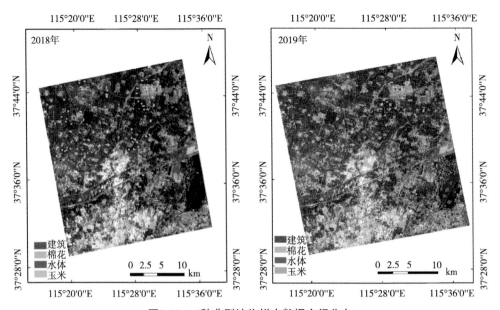

图2.10　4种典型地物样方数据空间分布

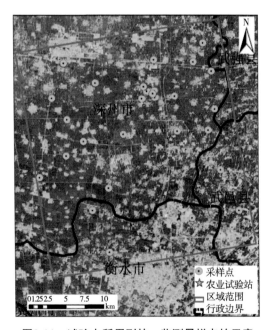

图2.11　试验中所用到的一些测量样点的示意

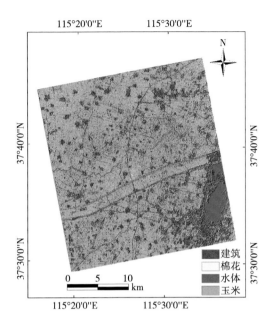

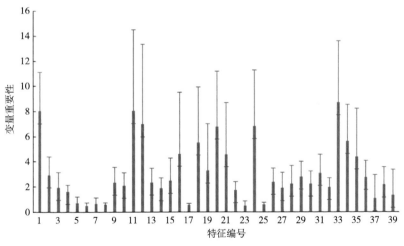

图3.2　7月14日结合多特征全极化RADARSAT-2数据分类结果、各特征的重要性及标准差

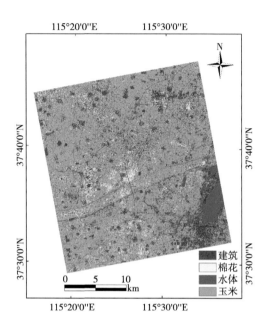

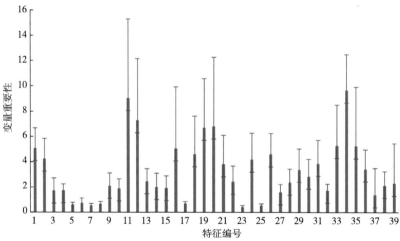

图3.3　8月7日结合多特征全极化RADARSAT-2数据分类结果、各特征的重要性及标准差

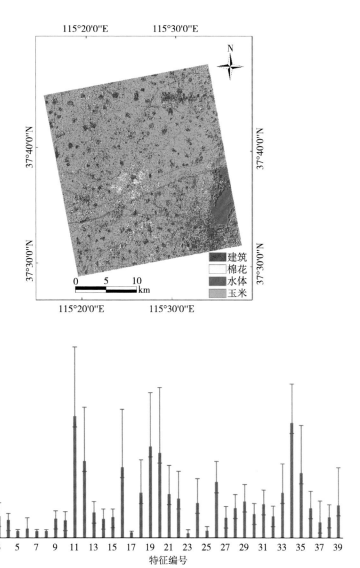

图3.4　9月24日结合多特征全极化RADARSAT-2数据分类结果、各特征的重要性及标准差

5

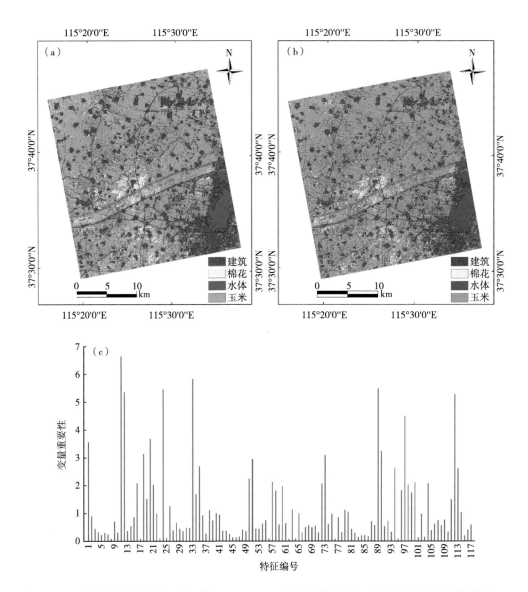

图3.5　3个时相结合多特征全极化RADARSAT-2数据分类结果、各特征的重要性及标准差

注：（a）优选前使用所有117个特征的分类结果；（b）使用优选后11个特征的分类结果；（c）各特征的归一化重要性（编号1~39分别为7月14日特征，编号40~78分别为8月7日特征，编号79~117分别为9月24日特征）。

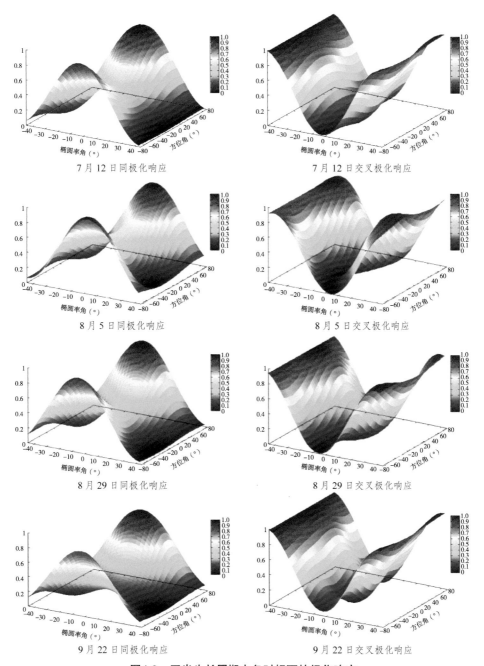

7 月 12 日同极化响应　　　　　　　　7 月 12 日交叉极化响应

8 月 5 日同极化响应　　　　　　　　　8 月 5 日交叉极化响应

8 月 29 日同极化响应　　　　　　　　8 月 29 日交叉极化响应

9 月 22 日同极化响应　　　　　　　　9 月 22 日交叉极化响应

图4.2　玉米生长周期内各时相下的极化响应

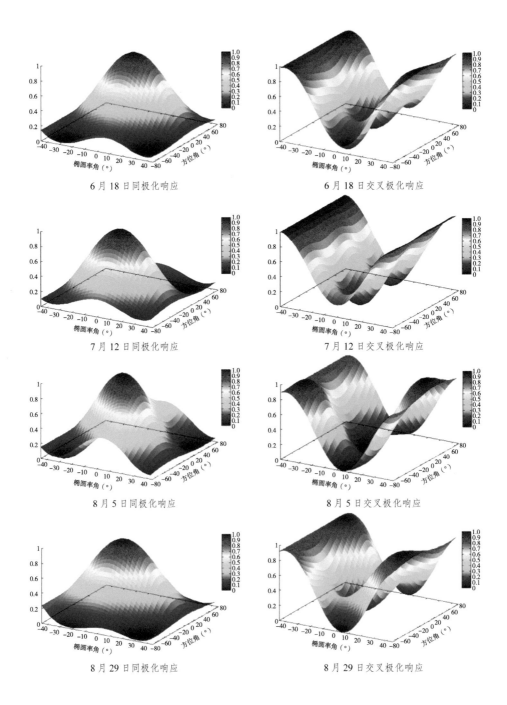

6月18日同极化响应   6月18日交叉极化响应

7月12日同极化响应   7月12日交叉极化响应

8月5日同极化响应   8月5日交叉极化响应

8月29日同极化响应   8月29日交叉极化响应

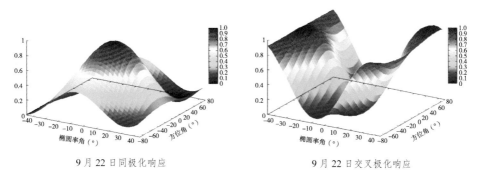

9 月 22 日同极化响应　　　　　　　　　　　9 月 22 日交叉极化响应

图4.3　棉花生长周期内各时相下的极化响应

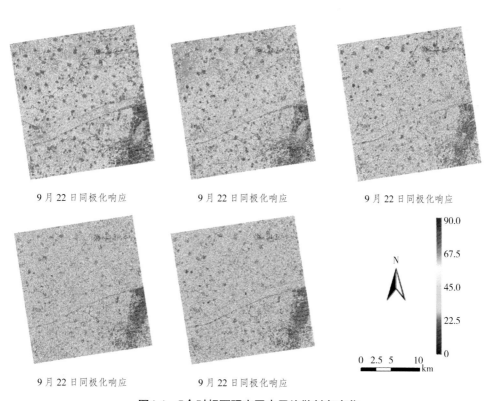

9 月 22 日同极化响应　　　　　9 月 22 日同极化响应　　　　　9 月 22 日同极化响应

9 月 22 日同极化响应　　　　　9 月 22 日同极化响应

图4.4　5个时相下研究区内平均散射角变化

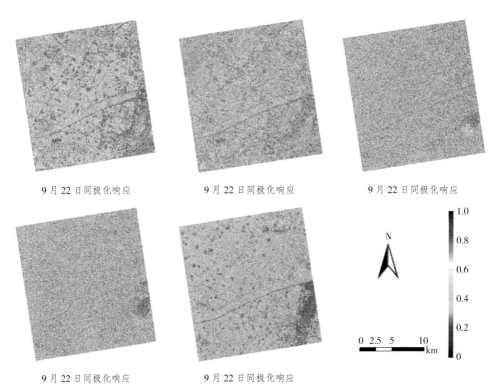

9月22日同极化响应　　　　9月22日同极化响应　　　　9月22日同极化响应

9月22日同极化响应　　　　9月22日同极化响应

图4.5　5个时相下研究区内散射熵变化

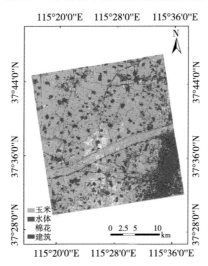

图4.16　基于散射特征随时相变化的旱地作物分类结果

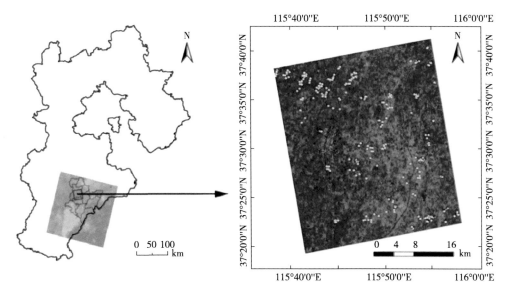

图5.1　研究区地理位置与地面采样点空间分布

注：图中黄色点为分类样本的地面采样点。

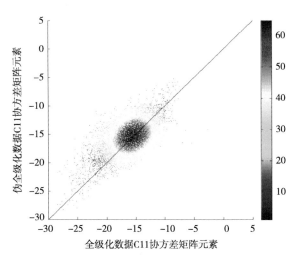

图5.3　伪全极化C11协方差矩阵元素（从紧致极化SAR图像导出）
与全极化数据C11协方差矩阵元素比较散点

11

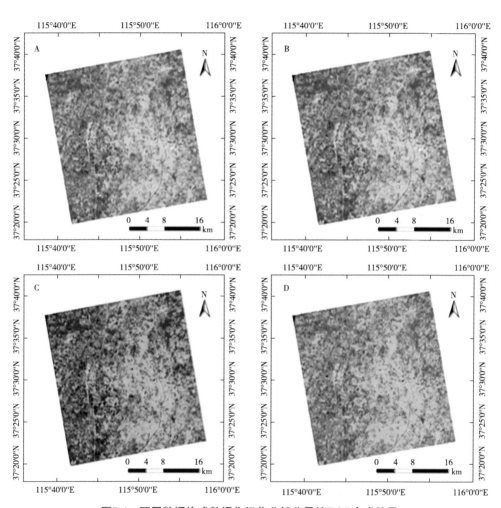

图5.4　不同数据格式数据集极化分解分量的RGB合成结果

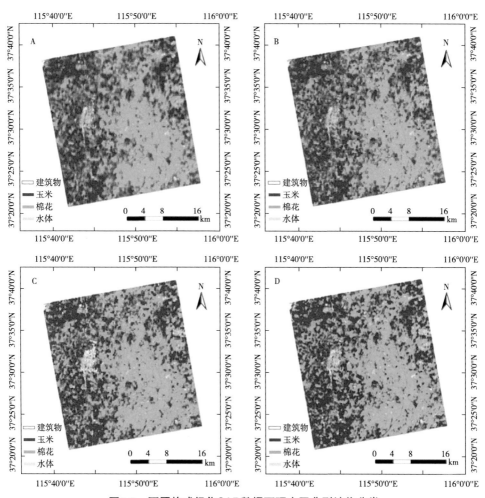

图5.5　不同格式极化SAR数据下研究区典型地物分类

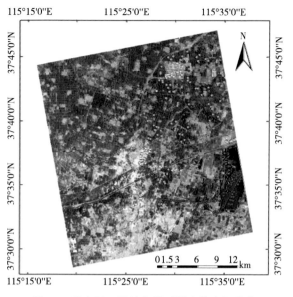

图6.2　研究区不同地物类型样点的空间分布

注：图中绿色样点为冬小麦，红色为建筑，黄色为裸地，白色为农用地膜，蓝色为水体。

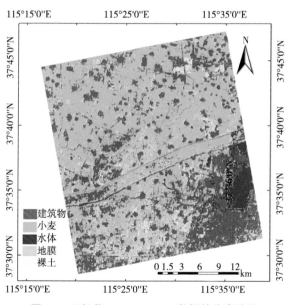

图6.3　双极化RADARSAT-2数据的分类结果

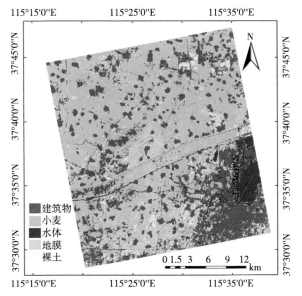

图6.4　全极化RADARSAT-2数据的分类结果

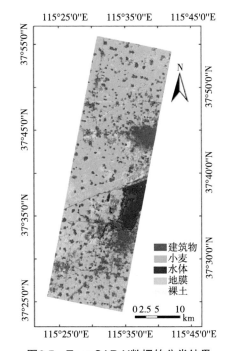

图6.5　TerraSAR-X数据的分类结果

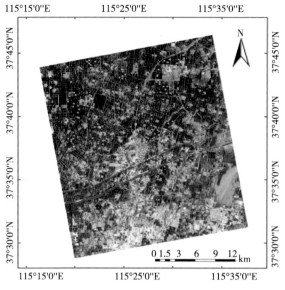

图7.1 研究区地面样点空间分布

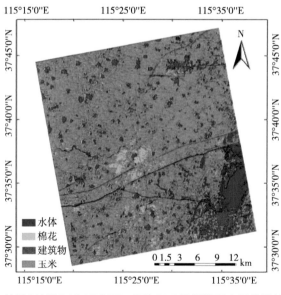

图7.3 基于C波段RADARSAT-2极化SAR数据的研究区典型地物分类

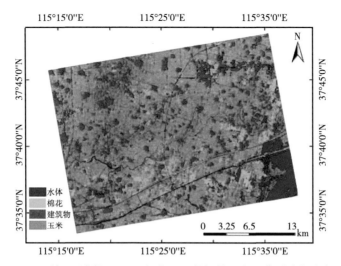

图7.4　基于L波段ALOS-2极化SAR数据的研究区典型地物分类

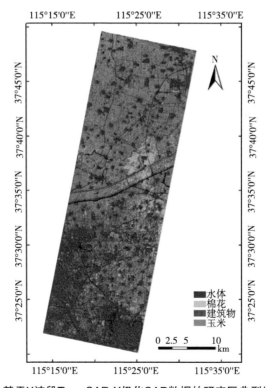

图7.5　基于X波段TerraSAR-X极化SAR数据的研究区典型地物分类

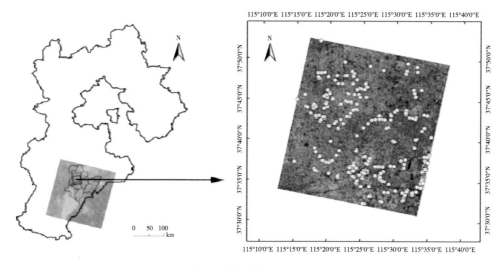

图8.1 研究区地理位置及地面样点空间分布

注：图中黄色的点为分类样本的地面采样点。

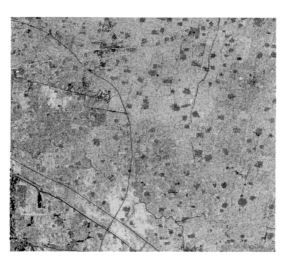

图8.3 基于Freeman-Durden分解的RGB合成图

注：R：Dbl；G：Vol；B：Odd。

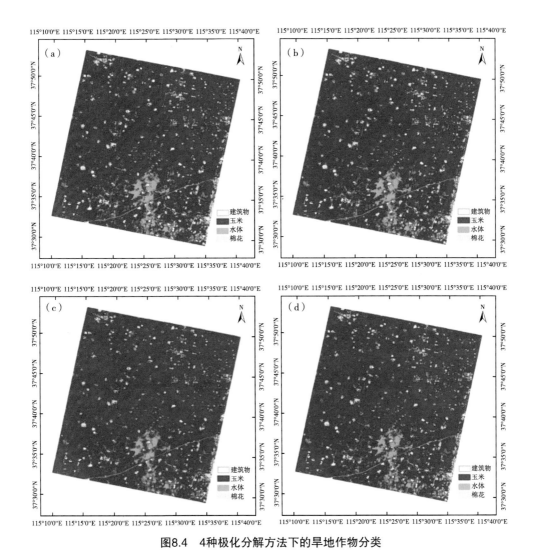

图8.4　4种极化分解方法下的旱地作物分类

注：（a）Freeman-Durden；（b）Sato4；（c）Singh4；（d）5分量分解。

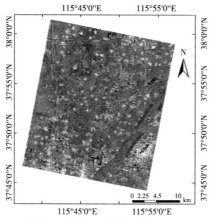

图8.5 研究区地面样点空间分布

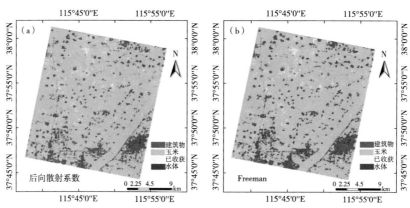

图8.7 利用后向散射系数和Freeman分解得到的玉米分类

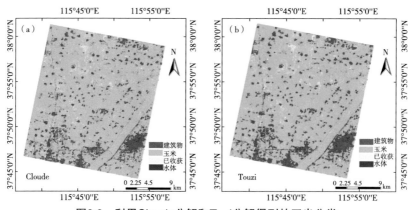

图8.8 利用Cloude分解和Tuzi分解得到的玉米分类

极化SAR农作物分类研究

Crop Classification Using Polarimetric Synthetic Aperture Radar Imagery

王迪 刘长安 孙政 曾妍 田甜 著

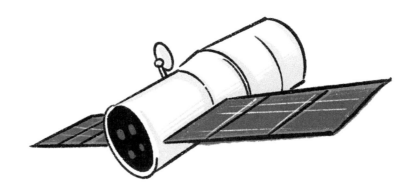

中国农业科学技术出版社

图书在版编目（CIP）数据

极化 SAR 农作物分类研究／王迪等著. —北京：中国农业科学技术
出版社，2020.12

ISBN 978-7-5116-5020-7

Ⅰ.①极…　Ⅱ.①王…　Ⅲ.①合成孔径雷达–应用–作物监测–研究
Ⅳ.①S127

中国版本图书馆 CIP 数据核字（2020）第 245274 号

责任编辑　闫庆健　马维玲
责任校对　贾海霞

出 版 者　中国农业科学技术出版社
　　　　　北京市中关村南大街 12 号　邮编：100081
电　　话　(010)82109705(编辑室)　　　(010)82109702(发行部)
　　　　　(010)82109709(读者服务部)
传　　真　(010)82109705
网　　址　http://www.CASTP.cn
经 销 者　各地新华书店
印 刷 者　北京建宏印刷有限公司
开　　本　710mm×1 000mm　1/16
印　　张　9.75　　彩插　20 面
字　　数　203 千字
版　　次　2020 年 12 月第 1 版　2020 年 12 月第 1 次印刷
定　　价　50.00 元

内 容 提 要

    本书依据作者承担的中央级公益性科研院所基本科研业务费专项项目"基于多时相极化 SAR 数据的旱地作物散射机制研究"（No. 1610132019010）、"基于合成孔径雷达数据的旱地作物识别与长势监测研究"（IARRP-2017-16）和国家自然科学基金项目（41801290，41531179）的研究成果编著而成。全书针对我国北方旱地秋收作物主要生长期内云雨雾天气频繁，无法获取足量有效的光学遥感影像，严重制约了农作物遥感监测的准确性和时效性；而合成孔径雷达（Synthetic Aperture Radar，SAR）虽然具有全天候监测地表能力，但是存在现有研究利用星载 SAR 数据进行旱地作物分类研究的精度普遍不高等问题，选取我国华北地区的河北省衡水市为典型研究区，利用多波段多源多格式多时相极化 SAR 数据进行旱地作物（玉米和棉花等）分类研究，分析 SAR 系统工作频率、SAR 数据获取时相、特征提取、极化分解方法等因素对农作物分类精度的影响，优选适合旱地作物极化 SAR 分类的波段、特征及时相，旨在为改善旱地作物 SAR 遥感监测的精度和效率提供参考依据。全书共分 9 章，主要内容包括：①极化 SAR 农作物分类的研究现状与存在问题分析；②极化 SAR 工作原理与数据源介绍；③多特征多时相下的极化 SAR 农作物分类研究；④基于后向散射机制的旱地作物分类研究；⑤基于紧致极化和伪全极化 SAR 的农作物分类研究；⑥基于极化 SAR 数据的农用地膜提取；⑦多波段极化 SAR 数据旱地秋收作物分类；⑧基于 GF-3 卫星影像的旱地作物分类研究；⑨研究结论与展望。

    全书具有较强的系统性、创新性和实用性，可供从事农业遥感、雷达遥感、农业农村社会经济调查、地学、生态、环境等领域的科研与技术人员以及高等院校相关专业师生参考使用。

目　录

第一章 绪 论

第一节 研究背景及意义

农作物分类是农情遥感监测的重要环节，是进一步开展农作物长势、产量等专题监测的前提（杨邦杰 等，2002；田海峰 等，2015）。及时、准确地获取农作物类型、面积及空间分布信息，可为农业结构的合理调整提供科学依据，对指导农业生产、合理分配农业资源以及保障国家粮食安全具有重要意义（唐华俊 等，2010；史飞飞 等，2018）。光学遥感因具有客观、准确、监测范围广、成本低等优点，已广泛应用于农作物分类研究。20 世纪 80 年代以来，国内外众多学者基于光学遥感影像对不同时空尺度和种植结构下的农田进行了大量的农作物分类与长势监测研究，在理论和方法层面都得到了长足的发展（刘吉凯 等，2015；谢登峰 等，2015；Turker et al.，2011）。以往的研究表明，结合农作物的物候信息，光学遥感影像可以准确区分农作物类型和状况。但是，在农作物生长的关键物候阶段，由于受到云雨雾天气的影响，足量、连续、清晰的光学遥感影像常难以获取。受影像的质量和数量所限，农作物面积监测和制图的准确性、时效性大大降低（王迪 等，2014）。

合成孔径雷达（Synthetic Aperture Radar，SAR）遥感技术不依赖太阳光成像，也不受天气条件的制约，具有全天时、全天候监测地表信息的能力。早期（1989—2001 年）的农作物 SAR 分类研究受到雷达技术发展水平的制约，多使用单极化影像作为数据源，可选取的极化方式仅为 VV 或 HH。因此学者们分析不同地物后向散射系数的差异，探究其时域变化特征开展农作物分类研究（Le Toan et al., 1989; Aschbacher et al., 1995; Ribbes et al., 1999; Shao et al., 2001, 杨沈斌 等，2008）。此时基于 SAR 的农作物分类研究对象单一，大多为水稻，并且仅利用单极化、单频率的信息，分类精度普遍不高。近年来，机载、星载 SAR 及其应用发展迅速，为 SAR 影像的应用提供了数据保障。随着 ALOS PALSAR、RADARSAT-2、TerraSAR-X、GF-3 等相继发射升空，全极化 SAR 数据在农业监测中的应用变得更为广泛。全极化 SAR（简称极化 SAR），具有 4 个极化通道，是建立在传统 SAR 系统上的一种新型 SAR 系统，通过电磁波不同的发射和接收方式的组合对地物进行全极化测量。相比单、双极化，全极化数据对目标地物的形状、尺寸、空间分布和方向更加敏感，能够更全面地刻画观测目标的散射机制从而提供更丰富的地表信息，在农作物分类方面有巨大的应用潜力（孙政 等，2019; Liu et al., 2019）。

遥感在大范围的农情监测中有着不可替代的作用，其中光学遥感受云雨天气影响较大，在作物生长关键期往往无法获得足量清晰的光学遥感影像，严重影响了遥感作物识别的准确性和时效性，而合成孔径雷达能够全天时、全天候对地物目标进行监测。和光学数据不同，极化 SAR 数据包含了目标的散射矩阵、几何结构细节和介电常数信息，对地表植被散射体的几何形状、高度都很敏感，能够弥补光学遥感的不足，在农作物识别和监测中具有独特优势。

近年来，随着 SAR 传感器的不断完善和极化 SAR 图像处理技术的不断发展，基于 SAR 数据在作物分类识别、土地覆盖/利用等方面的研究也逐渐增多。但依然存在以下不足：其一，当前研究多以识别水稻为主，对于难以识别的旱地作物研究较少；其二，目前对旱地作物识别精度不高，平均识别精度不足 85%；其三，缺乏对不同作物散射机制及其随时相变化的研究，导致分类算法机理性不足，普适性较差。为此，本研究拟开展应用多时相全极化 SAR 数据的旱地作物识别研究，使用多时相结合多特征的方法对玉米和棉花进行分类研究，比较2种分类方法（随机森林法和支持向量机法）的分类精度和分类效率，优选最佳的分类时相和分类特征。在此基础上，分析2种旱地作物散射机制随时相的变化，分析不同作物的变化规律及其原因，为研究作物散射机制打下基础。旨在为应用GF-3雷达遥感卫星开展农情监测业务提供技术储备，推动解决多云雨、雾霾天气下的华北地区高质量光学遥感影像获取不足而难以进行遥感监测的问题，达到改善旱地作物识别精度，提高识别效率的目的，为旱地作物种植面积及空间分布的快速提取提供参考。

第二节　国内外研究进展

一、极化 SAR 农作物分类特征选取

分类特征选取是指在极化 SAR 数据中挖掘有区分度信息的过程。选择合适的特征对提高农作物分类精度和效率具有重要意义(吴永辉 等，2008)。了解掌握极化特征的物理意义和特性，建立各农作物和重要分类特征之间的对应关系，可以为种植结构相似的不同地区农作物分类提供参考。

后向散射系数 σ^0 是早期利用 SAR 数据分类时最常用的特征。由于极化 SAR 数据能提供更丰富的地物信息，因此可提取的用于地物分类的特征更多。现有研究中，源自极化 SAR 数据的分类特征主要包括 2 类（宋超 等，2017）：其一，极化数据变换特征，包括强度特征、特征值、雷达遥感指数、极化相关系数等；其二，极化目标分解特征，图 1.1 中给出了极化 SAR 影像中可提取的各类特征。

1. 数据变换特征

虽然不断有新的机载、星载 SAR 系统加入，但极化 SAR 图像独有的成像机理导致其解译难度较光学遥感影像更高，极化 SAR 图像解译

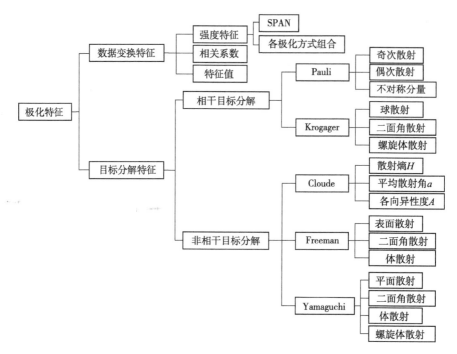

图 1.1　极化特征

技术远滞后于信息源的发展。在极化 SAR 农作物分类研究的早期阶段，一些研究对极化 SAR 信息未能充分利用，仅局限于使用影像的强度特征、波段组合特征。McNairn et al.（2009b）结合 2 种不同频率的数据源（TerraSAR-X 和 RADARSAT-2）的强度信息，用决策树算法对牧草、玉米、大豆和小麦进行分类，应用分类后分割滤波器能够达到 87.3% 的总体精度。部分学者使用强度信息，比较了不同极化方式、不同频率的 SAR 数据源对于作物分类的效果。Baghdadi et al.（2011）使用 3 种 SAR 数据源（ASAR/ENVISAT、PALSAR/ALOS、TerraSAR-X），对印度留尼汪岛的甘蔗田在不同雷达参数（波长、入射角、极化方式）下的识别精度进行了评价研究。发现交叉极化的甘蔗识别精度要高于同极化方式。Yang et al.（2012）使用 RADARSAT-2，通过比值变化检测选择适合水稻制图的最佳波段组合方式。结果表明，VH/HH 适合于水稻生长早期的制图，HH/VV 和 VH/VV 适合水稻生长中期制图。选择最优时相和最佳极化比 HH/VV 进行水稻制图，精度可达 84.9%。此外，学者们根据极化组合和植被散射特性之间的关系提出的一些 SAR 遥感指数，如：生物量指数（Biomass Index，BMI）（Pope et al., 1994）、雷达植被指数（Radar Vegetation Index，RVI）（谢小曼 等，2019；Huang et al., 2016）等，能够表征地物特性，也可以视为农作物分类的有效特征（田昕 等，2012；Ratha et al., 2019）。

表 1.1 列出了近年来国内外使用数据变换特征进行的极化 SAR 农作物分类研究，包括使用的数据、选取的分类特征、达到的精度等。可以看出，早期的极化 SAR 农作物分类研究通常使用数据变换特征，以水稻为主要研究对象，虽然使用了全极化数据，但只是依循单双极化数据的强度和不同极化方式的简单组合，并未充分利用极化信息，导致总体精度不高，大多在 85% 以下。由于极化椭圆表面分布的连续性，地物在各极化方式下的散射回波间相关性较大，造成数据冗余，这在一定程度上模糊了地物间的散射差异，不利于地物分类（陈劲松 等，2004）。因此，在仅利用强度信息进行分类时，极化 SAR 数据的优势并不明显，部分研究中甚至出现分类精度不及双极化数据的情况（任潇洒，2018）。

表 1.1　基于数据变换特征的极化 SAR 农作物分类

年份	作者	研究对象	数据源	分类特征	总体精度（%）
2009	McNairn et al.	牧草、玉米、大豆、小麦	RADARSAT-2 TerraSAR-X	强度	87
2012	Yang et al.	水稻等	RADARSAT-2	比值（HH/VV）	85
2012	田昕 et al.	水稻等	RADARSAT-2	强度	82
2018	任潇洒	水稻、玉米等	RADARSAT-2	差值（VV-HH）	82

2. 目标分解特征

目标分解是极化 SAR 图像解译、目标识别、地物散射机制分析的重要手段，可以有效提取出地物目标的散射特征，挖掘出更多可用于农作物分类的有效信息（李姣姣 等，2018）。以目标的散射特性变化与否为标准，可将极化分解方法归纳为 2 类（邹斌 等，2009；张腊梅 等，2016）：一是基于散射矩阵的相干目标分解，如 Pauli 分解、Cameron 分解、Krogager 分解等；二是基于相干矩阵或协方差矩阵等的非相干目标分解方法，包括 Cloude-Pottier 分解（简称 Cloude 分解）、Freeman-Durden 三分量分解（简称 Freeman 分解）、Yamaguchi 四分量分解等。相干目标分解要求目标的散射特征是固定的或稳态的，主要应用于能够用散射矩阵完全表示的孤立目标、点目标，而非相干目标分解的目标散射特征是不确定的、时变的，主要应用于分布式目标。由于农作物多为回波非相干的分布式目标，因此多采用非相干目标分解。非相干目标分解中，基于特征值分解的 Cloude 分解在农作物极化 SAR 分类方面得到了广泛应用。Jiao et al.（2014）利用 2011—2012 年 5—9 月加拿大安大略省内农业区的 19 景 RADARSAT-2 影像，使用 Cloude 分解参数进行面向对象分类，对小麦、燕麦、大豆、油菜和牧草分类的总体精度为 95%，与仅使用数据变换特征相比，分类结果的总体精度提高了 6%。基于散射模型的 Freeman 分解充分利用微波后向散射的物理特性，分解得到的 3 个分量有着明确的物理意义，也是农作物 SAR 分类中常用的分解方法。Chen et al.（2014）研究了全极化 RADARSAR-2 数据在稻田制图中的应用，利用 Freeman 三分量散射模型很好地拟合了水稻植株的散射特性。将制图结果与随机抽样的土地覆盖/利用图和地面调查进行比较，利用误差矩阵评价分类精度，Kappa 系数为 0.88。

上述研究仅集中于 1 种目标分解方法进行特征提取，Shimoni et al.（2009）指出，应采用不同的极化分解方法进行土地覆盖分类，因为不同的极化分解分量对不同的土地覆盖类型有效。Qi et al.（2012）基于 7 幅多时相的 RADARSAT-2 数据，采用 13 种极化分解方法提取了 66 个极化参数，结合面向对象和决策树方法对广州番禺地区进行土地覆盖分类，区分香蕉、农田、稀疏植被、森林等地类，极化参数的采用使总体分类精度提高了 6.39%，达到 86.64%。

表 1.2 列出了近年来国内外使用目标分解特征进行的极化 SAR 农作物分类研究，包括使用的数据、采用的目标分解方法、达到的精度等。从表 1.2 可以看出，随着极化分解理论的发展，学者们不再局限于对强度信息、波段组合的研究，越来越多的研究将目标分解特征应用到极化 SAR 农作物分类中，在众多分解方法中最常用的是 Cloude 分解和 Freeman 分解。极化分解参数的加入丰富了分类特征，也可以更好地表征农作物散射机理，明显改善了农作物分类精度。表中列举的极化 SAR 农作物分类精度普遍在 85% 以上，一些研究选用了恰当的分解方法，或者使用了分辨率更高的机载 SAR 数据，分类精度能够达到 90% 以上。

表 1.2 基于目标分解特征的极化 SAR 农作物分类

年份	作者	研究对象	数据源	分解方法	总体精度（%）
2012	Qi et al.	香蕉、农田、稀疏植被、森林等	RADARSAT-2	Pauli, Cloude, Freeman, Neumann, Krogager, Yamaguchi 等	87
2013	Liu et al.	玉米、小麦、大豆、干草等	RADARSAT-2	Pauli	86
2014	Jiao et al.	小麦、燕麦、大豆、油菜、牧草	RADARSAT-2	Cloude	95
2016	孙勋 等	土豆、苜蓿、小麦、甜菜、豌豆、草地	AIRSAR	Huynen, Hoekman, Cloude, Yamaguchi	89
2016	Larrañaga et al.	谷物、油菜、向日葵等	RADARSAT-2	Pauli, Cloude	86
2017	Tamiminia et al.	小麦、燕麦、大豆、油菜、玉米、阔叶植物	UAVSAR	Cloude, Freeman, Yamaguchi	88
2018	Li et al.	杏树、核桃树、苜蓿、冬小麦、玉米、向日葵、番茄	UAVSAR	Cloude, Freeman	97
2019	Xie et al.	玉米、大豆、小麦、西瓜、烟草、牧草等	RADARSAT-2	Neumann	94

二、极化 SAR 农作物分类算法

通常，提高分类精度的途径有 2 种：一是通过提取与地物类别相关性更强的新特征，提高特征集本身区分地物的能力；二是引入新方法或改进已有方法，更充分地利用分类信息。前者是分类特征选取问题，后者则是分类算法研究。分类算法是图像分类最重要的组成部分之一，对分类精度起着决定性作用（Silva et al.，2009）。极化 SAR 农作物分类中，使用的算法主要包括 3 种类型：基于概率密度的统计方法、机器学习方法和基于极化散射机制的机理模型。

1. 统计方法

常规统计方法通常借助于贝叶斯理论体系，采用潜在的类条件概率密度函数的知识进行分类，如：最大似然分类（MLC）、Wishart 分类、Hoekman Vissers 分类等。这类算法尤其是 Wishart 分类已广泛应用于极化 SAR 农作物分类研究中（化国强 等，2011；邢艳肖 等，2016；高晗 等，2019；Skriver et al.，2011；Dickinson et al.，2013）。高晗 等（2019）利用 H/α-Wishart 和 $H/A/\alpha$-Wishart 分类方法对湖南省岳阳县洞庭湖实验区域的 GF-3 极化 SAR 数据进行分类，总体精度分别为 85.3%、86.57%。

表 1.3 列出了近年来国内外采用统计方法进行的极化 SAR 农作物分类研究，包括使用的数据和分类算法、达到的精度等。可以看出，Wishart 分类是极化 SAR 农作物分类中最常用的方法之一，虽然简单易行，但它存在机理性不足的问题，目标回波的实际分布往往与假设存在差距，导致分类精度较低。部分研究使用了机载 SAR 作为数据源（邢艳肖 等，2016），由于影像的分辨率较高，因此使用统计方法仍能获得较高的精度，但机载 SAR 数据难以获取，应用范围存在局限性。

表 1.3　基于统计方法的极化 SAR 农作物分类

年份	作者	研究对象	数据源	分类算法	总体精度（%）
2009	化国强	水稻、玉米等	RADARSAT-2	$H/A/\alpha$-Wishart	78
2011	Skriver et al.	小麦、油菜、大麦、玉米、甜菜	ESAR	MLC、Hoekman Vissers	89、85
2013	Dickinson et al.	森林	UAVSAR、AIRSAR	H/α-Wishart	83
2013	Liu et al.	玉米、春小麦、大豆	RADARSAT-2	MLC	85
2016	邢艳肖 等	油菜籽、豌豆、大麦、苜蓿、甜菜、土豆、小麦等	AIRSAR	朴素贝叶斯+kNN	89
2017	徐一凡 等	水体、建筑、森林、草地	AIRSAR	H/α-Wishart	99
2019	高晗 等	荷塘、西瓜、一季、二季水稻、水体	GF-3	H/α-Wishart 和 $H/A/\alpha$-Wishart	87

2. 机器学习方法

机器学习方法假设分类规则是由某种形式的判别函数表示，通过训练样本计算函数中的参数，然后利用该判别函数对测试数据进行分类。机器学习方法使用训练数据估计分类边界完成分类，无须计算概率密度函数，克服了常规统计方法的一些不足，许多研究证明这类算法在进行农作物分类时获得了更高的精度，在众多机器学习方法中，极化 SAR 农作物分类研究常用的有支持向量机（SVM）、决策树（DT）、随机森林（RF）等。Zeyada et al.（2016）使用 SVM 对埃及尼罗河三角洲的水稻、玉米、葡萄和棉花进行分类，总体分类精度达到94.48%。Chirakkal et al.（2019）对 10 个极化参量进行敏感度分析，选择极化熵 H、极化角 α 和雷达植被指数（RVI）构建多时相 DT，小麦和芥菜的分类精度分别达到91%、92%。Salehi et al.（2017）基于RADARSAT-2 数据，采用面向对象的 RF 方法对油菜、谷类、玉米、大豆等进行分类，总体精度优于 DT 和 MLC，达到90%。

表 1.4 列出了近年来国内外采用机器学习方法进行的极化 SAR 农作物分类研究，包括使用的数据和分类算法及分类精度等。从表 1.4 可以看出，在光学影像分类中应用成熟的各种分类器，也在逐步结合

不同的目标分解方法应用于极化 SAR 影像分类中，包括 DT、SVM 等。SVM 和 RF 是极化 SAR 农作物分类中最常用的方法，在实际应用中，总体精度普遍达到 90%。其中 SVM 分类最为突出，部分研究（Zeyada et al.，2016；Li et al.，2019）使用 SVM 方法甚至达到 95% 以上的精度。与 SVM 相比，RF 需要定义的参数更少，计算效率较高，在农作物分类研究中也取得了不错的效果。

表 1.4　基于机器学习方法的极化 SAR 农作物分类

年份	作者	研究对象	数据源	分类算法	总体精度（%）
2012	Deschamps et al.	油菜、大豆、玉米、小麦、大麦、亚麻等	RADARSAT-2	RF	86
2014	McNairn et al.	玉米、大豆	RADARSAT-2	DT	接近 90
2015	Du et al.	水体、植被、建筑	RADARSAT-2	旋转森林	87
2016	孙勋 等	土豆、苜蓿、小麦、甜菜、豌豆等	AIRSAR	SVM+RF	89
2016	Zeyada et al.	水稻、玉米、葡萄、棉花	RADARSAT-2	SVM	96
2017	Salehi et al.	油菜、谷类、玉米、大豆等	RADARSAT-2	面向对象+RF	90
2017	邢兴	土豆、油菜、甜菜、小麦、豌豆等	AIRSAR	RF	90
2017	Tamiminia et al.	小麦、燕麦、大豆、油菜、玉米、阔叶植物	UAVSAR	PSO 核聚类	88
2018	徐佳 等	燕麦、黑麦、小麦等	RADARSAT-2	AutoEncoder	90
2018	Gadhiya et al.	小麦、油菜籽、大麦、苜蓿、马铃薯、甜菜、豌豆等	AIRSAR	OWN	92
2018	Li et al.	核桃、苜蓿、冬小麦、玉米、向日葵、番茄	UAVSAR	SVM	97
2018	Shuai et al.	玉米等	RADARSAT-2	SVM	95

注：PSO 指粒子群，OWN（Optimized Wishart Net）指 Gadhiya et al.（2018）提出的一种单隐藏层优化的 Wishart 网络。

3. 机理模型法

无论统计方法还是机器学习方法，表现出的共同问题是对目标地物的物理散射机制缺乏研究，对农作物的后向散射特征的解释不够充分，致使分类方法的普适性较差，制约了这 2 类算法在不同作物类型、不同地区的选择与应用。因此，一些学者通过极化分解理论研究农作物散射机制间的差异，并以此为基础设计分类算法。Jafari et al.（2015）研究了地物的极化散射机制，采用基于知识的方法对红橡木、白松、黑色云杉、城市、水体、地面植被进行分类，与经典的 Wishart 方法相比，精度提高了 6%，与 SVM 相比提高了 9%。Huang et al.（2017）研究散射机制的时间变化，设计二叉树算法进行土地覆盖分类，精度高于 SVM、RF 和 Wishart 方法，达到 87.5%。

三、多源多时相 SAR 农作物分类

1. 多时相

在整个生长季农作物结构和冠层含水量随着物候生长阶段的演变而变化（Huang et al., 2015），无论是使用光学传感器还是雷达传感器的数据，利用这些时间变化是农作物分类识别的关键。Skriver et al.（2011）利用全极化 L 波段 ESAR 影像进行多时相农作物分类，使用基于概率密度的统计方法（MLC、Hoekman Vissers）仍能够达到 85% 以上的精度，显示了多时相分类在改善分类误差方面的潜力。Xie et al.（2019）采用 2015 年在加拿大采集的 11 景 RADARSAT-2 的影像构成时间序列，以 Neumann 分解得到的 3 个参数作为分类特征，使用随机森林分类器进行监督分类，总体精度和 Kappa 系数分别为 94.12% 和 0.92。

表 1.5 列出了近年来国内外利用多时相极化 SAR 数据进行的农作物分类研究，包括使用的数据源、采集的时相数、采用的算法、达到的精度等。从表 1.5 可以看出，虽然利用物候信息可以达到较高的精度，但现有的研究常常采用覆盖所有农作物生长期的多幅影像，精度与时相数有很强的相关性。而多时相的 SAR 数据成本高，并且数据处理量大，不利于农作物监测、农作物分类识别的大面积应用。如何在

保证精度的情况下减少影像数量，找到用于分类的关键时相、关键物候特征是一个重要的研究方向。

表 1.5 多时相极化 SAR 农作物分类

年份	作者	研究对象	数据源	时相数	分类算法	总体精度（%）
2011	Skriver et al.	小麦、油菜、大麦、玉米、甜菜	ESAR	11	MLC，Hoekman Vissers	89，85
2013	Liu et al.	玉米、春小麦、大豆	RADARSAT-2	29	MLC	85
2014	Jiao et al.	小麦、燕麦、大豆、油菜、牧草	RADARSAT-2	19	面向对象+kNN	95
2017	Huang et al.	玉米、大豆、小麦等	RADARSAT-2	7	二叉树	88
2017	Tamiminia et al.	小麦、燕麦、花生、油菜、玉米	UAVSAR	4	PSO 核聚类	88
2019	Xie et al.	玉米、大豆、小麦、西瓜、烟草、牧草、森林、建筑、土壤	RADARSAT-2	11	RF	94
2019	Valcarce-Diñeiro et al.	小麦、大麦、向日葵、油菜、豌豆、玉米、甜菜、土豆、葡萄等	RADARSAT-2	3	DT	89

2. 多频率

SAR 系统获取的后向散射取决于目标的介电特性和几何特性，也取决于传感器的配置，波长（频率）是雷达系统的 1 个重要参数（Skriver et al.，2012）。微波频率决定其穿透冠层的能力，从而决定叶、茎、果实等植被成分以及下垫土壤对雷达后向散射的贡献，而各植被成分对微波的散射和衰减同样与微波频率、植被结构和尺寸有关（Jia et al.，2012）。不同的农作物类别具有不同的结构，因此，在 1 个频率上看起来相似的冠层可能会在更高或更低的频率上具有迥异的后向散射。有时单独使用 1 种频率的 SAR 数据不能同时将多种类型的农作物划分清楚，若增加 1 种频率的 SAR 数据，则能有效改善复杂地物类型下的农作物分类精度。Shang et al.（2009）比较和评价了 4 个 SAR 传感器数据（ASAR、PALSAR、TerraSAR-X、RADARSAT-2）在农作物

12

分类识别中的效果，结果表明，利用单一频率的 SAR 传感器进行农作物识别时的精度均较低，ASAR 与 PALSAR 或 TerraSAR-X 与 RADARSAT-2 结合的农作物分类总体精度可以达到 87.3%。McNairn et al.（2009b）在利用 RADARSAT-2 和 TerraSAR-X 数据进行农作物分类时发现，仅使用 1 种频率的 SAR 数据（C 波段 RADARSAT-2）分类时，对于个别作物类型（如玉米）可获取较高精度，但小麦和牧草的分类精度较低，如果增加 1 种频率的 SAR 数据（TerraSAR-X），则小麦分类精度提高 31.6%，牧草提高 17.9%，总体分类精度增加 11.9%。

　　Smith et al.（2006）研究了用多极化（HH、HV、VV、RR、LL 和 RL）、多时间和多角度雷达的信息描述玉米和小麦的田间空间变异性的问题。Lee et al.（2001）评估了 9 种作物类型分类中全极化、双极化和单极化 SAR 数据的 C、L 和 P 波段分类效率，得出结论：全极化模式在 C 和 L 波段表现最好。Jia et al.（2012）利用 ENVISAT-ASAR 和 TerraSAR 数据对旱地作物（即中国北方冬季的小麦和棉花）进行识别和分类。结果表明，雷达数据可以作为旱地作物识别的有效遥感数据源。Chen et al.（1996）利用动态学习神经网络对 JPL 在 Flevaland 地区获取的多频（P、L、C 波段）极化 SAR 图像进行分类。Ferrazzoli et al.（1999）分析了多频极化合成孔径雷达在评估农业和乔木生物量方面的潜力。收集了意大利蒙特斯珀里遗址的农田、森林和橄榄林的极化雷达数据 AIRSAR 和 SIR-C，利用实验数据和模型仿真数据，对 9 类植被进行了识别。结果表明，对于每一类地物，一些频率和极化的组合可以显著提高其可分离性。随着越来越多的 SAR 卫星的发射，可以获得更多的包含多波段和多极化 SAR 数据的多时间序列数据集。如最近新发射的 ALOS-2，高分辨率的 TerraSAR-X 数据等的应用潜力都值得进一步的开发。

　　在农作物分类中，最常使用的是 C 波段的 SAR 数据源，但其他频率的 SAR 数据也有其优势所在。不同频率的 SAR 传感器获取的地物目标后向散射信息不同，在不同农作物的分类过程发挥着不同的作用。

例如，在上述研究中可以发现，C 波段 SAR 数据能有效提高玉米和大豆等作物的分类精度，而 X 波段适合于直立株型作物的分类，如谷物、牧草（McNairn et al.，2009a）；与 C 波段、L 波段相比，X 波段对土壤粗糙度的敏感性较低，因此能更好地区分耕地与甘蔗田（Baghdadi et al.，2011）。在进行复杂种植结构下的农作物分类时，结合多波段的 SAR 数据源，综合各波段的优势，能有效改善分类精度。

3. 多传感器

主动微波传感器可以获取数据而不受云雨天气太阳光的影响，在数据源方面可以和光学影像互补。光学传感器数据能反映农作物的光谱特征信息；而微波对农作物的大尺度结构属性（包括叶、茎和果实的形状和方向）都有响应，植被冠层的介电特性和几何特征、农作物的种植密度和垄向等都会影响雷达的后向散射，两者各有所长（Blaes et al.，2005）。结合光学和微波传感器各自的优点，可以提取更多有效信息，用于农作物的分类研究。Shelestov et al.（2014）使用 EO-1 光学数据结合 RADARSAT-2 对乌克兰的大豆、玉米、向日葵、甜菜等作物进行分类，总体精度达到 91.4%，使用 SAR 数据可以使大豆的漏分误差从 34% 降低到 13%。Hong et al.（2014）通过 HIS 变换和小波融合，将 RADARSAT-2 的 HV 极化和 MODIS 影像融合用于加拿大苜蓿和草地分类，融合后总体精度为 84.9%，与单独使用 MODIS、SAR 数据相比，分别提升 9.4%、20.7%。Gao et al.（2018）融合了 GF-3 全极化 SAR 数据和 Sentinel-2A 光学数据，采用 Hoekman 方法将协方差矩阵转换为强度矢量，通过主成分分析选出主要的特征值，用 SVM 方法对一季稻、二季稻、荷花、森林、草地进行分类，总体精度为 85.27%，Kappa 系数为 0.83，精度高于单一数据集。表 1.6 列出了近年来国内外结合光学和极化 SAR 数据进行的农作物分类研究，包括数据源和分类算法、达到的精度等。

表 1.6　结合光学数据的极化 SAR 农作物分类

年份	作者	研究对象	数据源	分类算法	总体精度（%）
2013	Shelestov et al.	大豆、玉米、向日葵、甜菜	EO-1 RADARSAT-2	SVM	91
2014	Hong et al.	苜蓿、草地	MODIS、RADARSAT-2	ISODATA	85
2015	田海峰 等	小麦、油菜等	SPOT-6、RADARSAT-2	DT	98
2017	Salehi et al.	油菜、谷类、玉米、大豆等	RapidEye、RADARSAT-2	面向对象+RF	90
2018	Gao et al.	一季稻、二季稻、荷花、森林、草地	Sentinel-2A、GF-3	SVM	85

由上述研究可以得出结论，与单一传感器、单时相、单频率的数据源相比，多源数据在多作物类型分类中表现出色，能够取得更高精度。无论是多时相观测还是和光学数据融合，RADARSAT-2 以其数据质量高且稳定的优势得到了极为广泛的应用。

此外，Hong et al.（2014）结合 MODIS 和 RADARSAT-2 遥感图像，将草地与苜蓿区分开。结果表明，光学遥感图像与雷达遥感图像相结合的应用，可以有效地提高作物识别的精度。Rabiger et al.（2010）在加拿大使用 TerraSAR-X 和 RADARSAT-2 进行作物分类和面积估算，结果证明了 X 波段数据在作物监测方面的潜力。Qin et al.（2013）研究了多时相 RADARSAT-2 数据在城乡边缘地区作物分类中的潜力。Skakun et al.（2016）评估了多时间 C 波段 RADARSAT-2 和 Landsat-8 地面反射卫星图像用于乌克兰作物分类的效率，发现光学和合成孔径雷达图像的不同组合，以及合成孔径雷达模式和极化，都可以更好地辨别作物类型。Jiao et al.（2014）利用加拿大安大略省东北部一个农业地区的 19 幅 RADARSAT-2 细束极化（FQ）图像，评估了极化合成孔径雷达（PolSAR）数据的面向对象分类的准确性，用以绘制和监测作物。Sonobe et al.（2014）应用随机森林（RF）分类器和分类回归树（CART）对作物类型分类的条带模式下的多时相 TerraSAR-X 双极化数据的作物分类潜力进行了评估。Li et al.（2016）探索了利用

15

RADARSAT-2 四极化合成孔径雷达（PolSAR）和 TerraSAR-X 双极化合成孔径雷达（Dual Polarimetric SAR）数据监测农作物生长期次。

四、极化 SAR 农用地膜分类

采用塑料薄膜覆盖农田（PMF），可有效减少土壤水分蒸发，提高水资源利用效率。近年来，覆膜农田已成为一种重要的农业景观（Bai et al.，2010）。准确把握 PMF 的分布区域和分布格局的变化特征，对农业管理和农业研究具有重要意义。这是发展优质、可持续农业的需要（Yan et al.，2006）。塑料薄膜增温保熵的效应给农业生产力带来了积极而重要的进步，但是塑料薄膜在田间的残留已成为影响农业环境的消极因素之一。如此大面积的覆膜农田必然会对地表能量平衡产生一定的影响，并且可能对环境造成进一步的压力（Lu et al.，2014）。

因此，准确把握覆膜农田（PMF）的时空分布区域及其变化特征，对环境变化研究也具有重要意义。遥感具有大规模观测的特点。为大规模分析地物分布面积提供了方便和可能性。遥感是宏观监测 PMF 并了解其对大范围内气候影响的可行方法。近年来，许多学者利用遥感技术对覆膜农田进行了大量的研究工作。Lu et al.（2014）的研究结果表明，决策树分类是从 Landsat 5 TM 中提取大区域 PML 的有效方法，在大区域绘制 PML 时空动态图是可行的。Picuno et al.（2011）采用平行六面体方法从 Landsat TM 中提取 PMF，然后使用 SAR 影像验证监测精度。Lanorte et al.（2017）采用支持向量机方法，利用 Landsat 8 卫星影像绘制农业塑料垃圾的分布图。Novelli et al.（2016）比较了 Sentinel-2 多光谱仪器（MSI）和 Landsat 8 OLI 用于温室大棚监测的性能。Agüera 和 Liu（2009）提出了基于 Quickbird 和 IKONOS 影像的温室大棚监测算法。Hasituya et al.（2016）利用 Landsat 8 OLI 遥感数据的光谱和纹理特征对覆膜农田进行了监测，取得了满意的结果。Yang et al.（2017）基于中分辨率影像，提出了新的塑料温室指数（PGI），并且还检验了所提出的 PGI 的有效性。

在利用 SAR 数据监测 PMF 方面，Hasituya et al.（2017）和 Lu et al.（2018）做了一些研究，但是多波段多极化合成孔径雷达数据在提取 PMF 中的潜力还没有得到充分探索。本书采用高分辨率双极化 X 波段 TerraSAR-X 数据、C 波段双极化 RADARSAT-2 数据和全极化 RADA-RSAT-2 数据，对 PMF 和其他土地利用分类中不同 SAR 数据的分类性能进行了研究。研究重点是对不同波段和不同极化 SAR 数据的分类结果进行相互比较。

五、问题与展望

合成孔径雷达技术经过半个多世纪的发展，伴随着新型 SAR 传感器的相继升空，已经从单频率、单极化步入多频率、全极化时代，这为 SAR 农作物分类的研究和应用提供了前所未有的机遇和发展潜力。然而，极化 SAR 农作物分类仍存在一些问题有待进一步研究。

识别精度。现有的极化 SAR 分类研究多为图像分类和土地覆盖分类，针对农作物尤其是旱地作物的分类研究较少。一些研究虽然取得较高的整体精度，但对其中个别农作物的分类精度不足 85%，尚不能满足我国农作物面积监测业务的精度要求。极化 SAR 数据在旱地作物的关键生长期，弥补了多云雨天气下光学遥感数据的不足，对于旱地作物分类意义重大，因此亟须开展提高旱地作物精度的相关研究。

分类算法。在极化 SAR 农作物分类研究中，国内外采用了监督、非监督的各种算法，各有优劣。而无论是常规统计算法还是机器学习算法，经验成分较多，无法从机理上解释分类依据，致使算法普适性较低（周晓光 等，2008）。找到农作物散射特性基于物候的变化，以及不同农作物之间的散射机制的区别，是未来研究的重要方向。

多频率和极化分解。目前，目标分解技术对极化 SAR 数据中的信息挖掘还不够充分，现有的目标分解多是针对单频率进行，针对多频率数据的研究较少（张腊梅 等，2016）。不同作物在不同频段的散射情况不同，多频率极化 SAR 结合的目标分解可以提取出更多有用的极化信息，因此，建立能描述不同频段散射行为的模型并应用于农作物分类具有研究价值。

数据源。研究表明极化 SAR 的多频率、多传感器结合能够提高分类精度，但实际应用不多，值得进一步探索。多时相数据在涉及多作物类型的分类中表现优异，但数据成本高且处理量大，选取用于分类的关键时相、关键物候特征是重要的研究方向。此外，现有的极化 SAR 分类研究大多采用 RADARSAT-2 作为数据源，数据成本较高，不利于极化 SAR 分类在农业应用上的大规模推广，探求和验证 GF-3 在极化 SAR 农作物分类中的应用潜力也是未来的发展方向之一。

第三节　研究思路与研究内容

一、研　究　思　路

针对现有研究存在的主要问题，结合自身研究基础，制订的研究思路如下。

首先，确定研究区域及研究作物类型，根据研究区域农作物的物候情况，收集多源多波段多时相极化 SAR 数据，并在卫星成像期前后进行地面实地调查，确定合适的样本区域，测量相关的生物学参数。

其次，选取多种方法进行特征（极化分解参数、后向散射系数等）提取，分析各种特征对农作物分类精度的影响，优选适合农作物极化 SAR 分类的重要特征。

然后，选取目前稳定性较高、较容易实现的分类算法，实现相关分解算法中极化信息的提取，在不同时相上对分类精度进行比较，确定研究区内最佳的旱地作物分类识别方案。

最后，结合地面采样数据，以地块为单位，确定 2 种旱地作物的散射机制，并分析旱地作物散射机制的变化因素。

二、研　究　内　容

本研究选取中国华北地区的河北省衡水市为研究区，利用多源多波段多格式多时相极化 SAR 数据进行旱地作物分类研究，分析不同类型特征、波段、时相对农作物分类精度的影响，探究各种典型地物的后向散射机制及其差异，提出适合旱地作物极化 SAR 分类的方法，为改善旱地作物分类准确性和时效性提供参考依据。

第一章主要介绍研究背景与意义，总结归纳极化 SAR 农作物分类研究进展，以及现有研究存在的不足。

第二章介绍所选取的研究区概况，合成孔径雷达的基本知识，获取的 RADARSAT-2 数据基本参数及地面调查数据，最后极化 SAR 数据信息提取的基本原理。

第三章利用不同极化分解的方法，提取不同时相的极化特征，结合不同的分类算法，优选出华北地区旱地作物分类识别的最佳时相、最优分类算法和能满足实际运用需求的最少特征类型和数量，探索旱地作物分类识别的最优方法组合。

第四章从定性和定量 2 个方向对 2 种典型旱地作物的散射机制进行分析，探索影响旱地作物散射机制变化的主要原因。

第五章定量评价各种格式极化 SAR 数据的农作物分类性能，优选适合农作物分类的极化 SAR 数据格式。

第六章利用各种极化 SAR 数据源进行农用地膜分类研究，比较各种数据源的分类精度，定量评价各种分类特征的重要性。

第七章利用多种波段的极化 SAR 数据进行旱地作物分类研究，分析波段对农作物分类精度的影响，提出旱地作物极化 SAR 分类的最优波段。

第八章利用 GF-3 卫星影像进行农作物分类研究，比较各种极化分解方法的分类精度，评价 GF-3 卫星影像的农作物分类能力。

第九章总结各章节的研究结果，得出结论并提出展望。

19

第四节　本　章　小　结

本章介绍了研究背景与意义，并着重介绍了极化 SAR 数据农作物分类在国内外的发展现状，指出了农作物极化 SAR 分类存在的问题及应用前景。最后，阐述了全书主要涉及的研究内容和研究思路。

第二章　研究区与数据

第一节　研究区概况

本研究选取河北省衡水市的冀州区和深州市为研究区。衡水市（37°03′32″~38°21′30″N，115°10′57″~116°33′50″E）位于河北省东南部，地处黄淮海平原区（图2.1），是我国典型的冬小麦种植区和重要的商品粮生产基地。该区域位于河北平原海河水系冲积平原中部，海拔高度12~30 m，地势自西南向东北缓慢倾斜，覆盖面积8 815 km²。境内河流纵横交错，沉积物累积，形成许多缓岗、微斜平地和低洼地。

衡水市属温带半湿润大陆季风气候，为温暖半干旱型，区域内气候差异不大，年平均气温12~13℃，大于0℃年积温4 200~5 500℃，年累积辐射量5.0×10⁶~5.2×10⁶ kJ·m⁻²，无霜期170~220 d；年均降水量500~900 mm。该区域总的气候特点是农业气候资源较丰富，光照充足，热量丰富，四季分明，冷暖干湿差异较大，雨热同期。但降水年内分布不均，夏季高温多雨，冬季干冷少雨，春季干旱少雨多风增温快，常有旱、雹、涝、低温、大风等自然灾害，给农业生产造成一定影响。境内水资源丰富，有潴龙河、滹沱河、滏阳河、滏东排河、索泸河-老盐河等9条较大河流（李贺，2016）。

衡水市土地面积883 678.39 hm²，其中农用地70 006.96 hm²，占辖区总面积的79.22%，其中耕地564 217.63 hm²、园地47 753.07 hm²、林地28 793.46 hm²、人工牧草地40.06 hm²、其他农用地59 262.74 hm²，分别占农用地的80.59%、6.82%、4.11%、0.01%、8.47%；建设用地

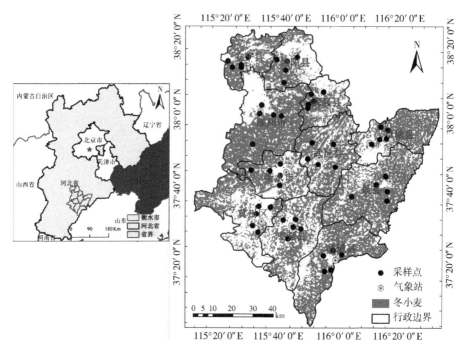

图 2.1 研究区、气象站点和冬小麦空间分布

146 807.13 hm², 占辖区总面积的 16.61%; 未利用土地 36 804.30, 占辖区总面积的 4.16%。该地区主要农作物有夏玉米、棉花和冬小麦 (冬小麦和夏玉米轮作)。2018 年衡水市全年粮食播种面积 1 066.2 万亩 (1 亩≈667 m², 全书同), 比上年下降 1.1%; 棉花播种面积 74.7 万亩, 比上年下降 9.5%。

　　研究区内天然植被稀疏, 覆盖度低, 群落结构简单。目前主要的植被是人工种植农作物, 主要粮食作物有小麦、玉米、谷子、高粱、甘薯等; 经济作物主要有棉花、花生、芝麻、向日葵等; 种植模式主要是冬小麦—夏玉米连作, 一年两熟, 棉花一年一熟。研究区冬小麦生育期, 从每年的 10 月上旬持续至翌年的 6 月上旬或中旬, 11 月下旬到 2 月中、下旬为越冬期, 2 月底到 3 月上旬进入返青期, 冬小麦开始旺盛生长, 起身、拔节期从 3 月中、下旬到 4 月中旬, 4 月下旬到 5 月上旬为孕穗、抽穗期，开花、灌浆期开始于5月中旬，6月初到6月中旬冬小麦收获。研究区内玉米的生长期：播种出苗期，5月下旬播种，5~7 d后出苗；6月上旬到6月中旬玉米从三叶期生长到七叶期。拔节期，6月下旬到7月中旬。抽穗期，7月下旬至8月上旬。乳熟期，8月中旬至9月中旬。研究区内棉花的生长期：播种出苗期，4月中。苗期，5月上旬到6月上旬。蕾期，6月中旬至7月中下旬。花铃期，8月上旬到9月下旬。吐絮期，9月下旬到11月初，其中9月底为吐絮旺盛期。

冀州区地处河北省东南部（37°18′40″~37°44′25″N，115°09′57″~115°41′07″E），衡水市西南。东邻衡水市枣强县，西偏南与邢台市宁晋县毗邻，西北与石家庄市辛集市、衡水市深州市接壤，南接邢台市南宫市，西南与邢台市新河县为邻，北隔衡水湖与衡水市区相望。辖区东西最大距离39.589 km，南北最大距离37.180 km，总面积917.17 km²，其中陆地858.8433 km²，占93.6%，水域58.3267 km²，占6.4%。冀州区土壤质地比较适中，沙壤质和轻壤质土壤占总土种的85.3%，是粮食、棉花生长发育较理想的土壤，中壤质土壤占总土种的14.7%，适宜种植粮食作物。耕地面积较大，土壤类型较多。地势平坦，部分土壤土体结构不良，母质含盐碱量较高。

深州市为衡水市的县级市，位于河北省东南部，衡水市西北部，地处黑龙港流域，位置界于37°42′39″~38°11′09″N，115°20′41″~115°49′02″E，属低平原区，北邻饶阳县、安平县，南接桃城区、冀州市，东连武强县、武邑县，西与辛集市交界，总面积为1 252 km²。该市下设18个乡镇，465个行政村，2009年末总人口达57.2万。境内地势平坦开阔，由西至东高程点逐渐降低，由西南向东北稍微有倾斜，最高处海拔29 m，最低处海拔16 m。由于历史上长期受河流冲刷，境内逐渐形成部分沙丘地貌、缓岗和浅平低洼平原。

第二节 极化 SAR 数据

一、SAR 工作原理

微波遥感用微波设备来探测、接收被测物体在微波波段（波长为 1~1 m，常用为 8~300 mm）的电磁辐射和散射特性，以识别远距离物体。微波作用于地面目标，产生散射、辐射、吸收、谐振等现象，这是利用微波传感器获得地物目标以及地物背景信息，实现遥感或探测的机理。陆地、海洋、大气遥感以实现资源环境调查、土地利用、变化监测、灾害预报、气象观测等为目的，将涉及大气、海洋、陆地中的处于各种形式、状态下的所有物体作为目标和背景。微波与目标相互作用之后，通过分析回波信号的差异，可以测量目标的后向散射特性、多普勒效应、偏振特性等，还可以反演目标的物理特性（介电常数、含水量、湿度等），以及几何特性（目标大小、形状、结构、粗糙度等）多种有用信息。

雷达（Radio Detection and Ranging，Radar）系统主要有以下 3 个功能：发射微波信号到场景；接受从场景中传回的部分后向散射能量；观测返回信号的强度（检测）和延时（测距）信号，雷达系统工作方式如图 2.2 所示。早期的雷达系统为真实孔径雷达（Real Aperture Radar，RAR），成像空间分辨率与雷达天线长度成正比，雷达系统想得到较高分辨率的影像，一般需要增加天线的长度，而在传感器上难以实现大幅地增加天线长度，这限制了雷达系统的发展和应用，后来合成孔径雷达的出现使得真实孔径雷达逐渐被取代。如果雷达信号垂直照射地面，则传感器两侧总会有 2 个点具有相同的距离，于是图像自身就会出现左右折叠，轨迹的左右两边的点就会混在一起叠加在 1 张影像上。而采用侧视成像可以避免这种现象的发生，侧视雷达是由传感器向与飞行方向垂直的侧面发射波束，并接受在侧面地物的雷达反射波。当前运用最为广泛的是侧视成像的合成孔径雷达（Synthetic Aperture Radar，SAR）。

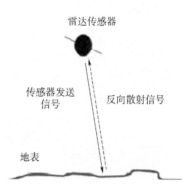

图 2.2　雷达系统工作方式

合成孔径雷达以 1 个小天线作为单个辐射单元，将此单元沿一直线不断移动，在不同位置上发射并同时接收同一地物的回波信号并进行相关解调压缩处理。1 个小天线通过"运动"方式就相当于合成 1 个等效"大天线"，这样可以得到较高的方位向分辨率，并且不需要增加天线长度，此时方位向分辨率与距离无关，因此 SAR 就可以安装在卫星平台上同时还可以获取较高分辨率的 SAR 图像。其工作方式如图 2.3 所示。

1. 分辨率

SAR 图像分辨率包括距离向分辨率（Range Resolution，RR）和方位向分辨率（Azimuth Resolution，AR）。距离向分辨率指垂直传感器飞行方向上的分辨率，也就是侧视方向上的分辨率。距离向分辨率与雷达系统发射的脉冲信号有关，与脉冲持续时间成正比：

$$Res(r) = \frac{c\tau}{2} \tag{2.1}$$

式中，c 为光在真空中传播的速度，τ 为雷达脉冲的持续时间。

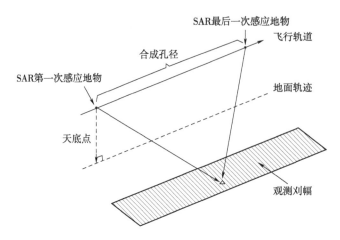

图 2.3　SAR 工作方式

方位向分辨率指沿飞行方向上的分辨率，也称沿迹分辨率。其中真实波束宽度 β 为：

$$\beta = \frac{\lambda}{D} \tag{2.2}$$

式中，λ 为波长，D 为雷达孔径。

真实分辨率 ΔL 为：

$$\Delta L = \beta \times R = Ls \tag{2.3}$$

式中，R 为天线与物体之间的距离，Ls 为合成孔径长度。

合成波束宽度 β_s 为：

$$\beta_s = \frac{\lambda}{2Ls} = \frac{D}{2R} \tag{2.4}$$

合成分辨率 ΔLs 为：

$$\Delta Ls = \beta_s \times R = \frac{D}{2} \tag{2.5}$$

从该式中可以得出，SAR 系统使用小尺寸的天线也能得到高方位向分辨率，而且方位向分辨率与斜距无关，也就是与遥感平台高度无关。方位向分辨率如图 2.4 所示。

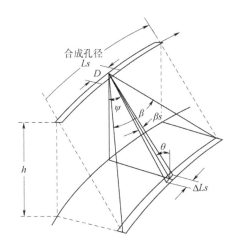

D—真实孔径；β—真实波束宽度；βs—合成波束宽度；

h—飞行高度；ΔLs—方位向分辨率；ψ—视角。

图 2.4　SAR 方位向分辨率示意

2. 极化方式

雷达发射的能量脉冲电场矢量，可以在垂直或水平面内产生偏振。无论哪个波长，雷达信号可以传送水平（H）或者垂直（V）电场矢量，接收水平（H）、垂直（V）或者两者的返回信号。雷达遥感系统最常用的 4 种极化方式——HH、VV、HV、VH。前两者为同极化，后两者为交叉极化。

极化是电磁波的特性，也是微波遥感的突出特点，极化方式不同返回的图像信息也存在差异。返回同极化（HH 或者 VV）信号的基本物理过程类似于准镜面反射，比如，平静的水面通常为深黑色。交叉极化（HV 或者 VH）一般返回的信号较弱，常受不同反射源影响，如粗糙地面等。

3. 入射角及照射带宽度

入射角也就是视角，是雷达波束与地物垂直表面直线之间的夹角（如图 2.5 中的 θ）。微波与地物表面的相互作用是十分复杂的，不同的入射角会发生不同的反射。一般情况下，低入射角通常回波信号较强，随着入射角增加，回波信号逐渐减弱。

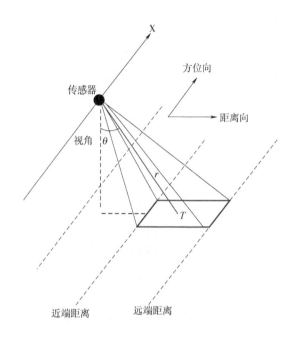

图 2.5　SAR 入射角示意

二、SAR 图像特征

雷达发射的电磁波作用在目标表面，产生感应电流而进行辐射，并产生散射电磁波。散射波的性质与入射波不同，这是因为目标会对入射电磁波产生调制效应。这种调制效应是因为目标本身的物理结构及散射特性不同，不同目标对同一种入射波有不同的调制特性。目标在电磁波照射下，发生变极化。也就是说，目标散射场的极化取决于入射场的极化，但通常与入射电磁波的极化不一致，目标对入射电磁波有着特定的极化变换作用，其变换关系与入射波的频率、目标形状、尺寸、结构和取向有关。

SAR 图像上的信息是地物目标对雷达波束的反映，主要是地物目标的后向散射形成的图像信息。反映 SAR 图像信息的灰度值主要受到后向散射的影响，后向散射主要受 2 大类因素影响，一类是雷达系统的基本工作参数：主要包括雷达传感器的工作波长、入射角、极化方式等；另一类是地物目标的特性：地表粗糙度、地物几何形状、介电常数等。

1. SAR 图像几何特征

SAR 是主动侧视雷达系统，并且成像方式属于斜距投影。其特殊的成像机制使它与以中心投影为主的光学影像有很大的区别。主要表现在以下 4 个方面。

（1）斜距显示的距离压缩。距离压缩是斜距成像的雷达影像在距离向呈现出图像压缩的几何失真的现象，如图 2.6 所示。由于不同距离的目标入射角均不等，所以在距离向上图像的目标分辨率也各不相同，靠近星下点的目标成像压缩现象较为严重，远离星下点的目标压缩现象则较为轻微。

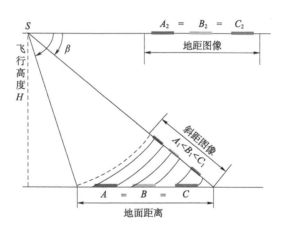

图 2.6 距离压缩原理

（2）阴影。由于雷达波束不能到达因地形起伏产生的后坡，所以该区域没有产生回波信号，则侧视雷达成像在距离向会产生雷达阴影，在图像相应位置出现暗区。阴影的产生与坡度及雷达俯角有关，判断是否为雷达阴影还要考虑山脊走向与卫星航向之间的关系，考虑真倾斜与伪倾斜的关系。虽然阴影不包含信息，但是是一种很好的观测方向和地形信息的指示器。

（3）透视收缩。透视收缩也称"前缩"，起伏地形的雷达影像上山坡长度较实际长度要短，主要是面向雷达波束的斜面投影到斜距平面时的压缩现象，也是距离压缩现象的一种。图像上前坡总是比后坡距离压缩明显，透视收缩表明较大的回波面积集中体现在较小的图像区域，在强度影像上，前坡比后坡明亮。

（4）叠掩。由于侧视雷达为距离成像，最早返回的信号记录在近距端，后返回的记录在远距端，当在起伏地形成像时，坡度与雷达俯角之和大于90°时，山顶部分的回波信息比山脚部分的回波信息可能更早地被雷达接收并且记录，从而在影像上使山顶影像"叠置"在山脚影像之前，也称"顶底位移"。

2. SAR 图像特点

SAR 图像可以记录多种信息，包括相位、振幅、强度等。SAR 是相干系统，斑点噪声是其固有特性。

（1）SAR 数据信息。SAR 图像的每个像素信息不仅反映地表对雷达波束的反射强度，还包含了与雷达斜距有关的相位信息。因此，SAR 数据一般是由实部（Real）和虚部（Imaginary）构成的复数形式的数据，也称为同相（In-phase）和正交通道（Quadrature Channels），如图 2.7 所示。

雷达波束的反射强度以振幅（Amplitude）、强度（Intensity）或者功率（Power）表示，他们之间用如下公式转换：如强度 $I=$ 振幅 A^2。相位信息（θ）与同相和正交存在转换关系，如单通道 SAR 系统（如 C 波段，VV 极化）的相位均匀地分布在范围 $-\pi \sim +\pi$，与此相反，振幅 A 会出现一个瑞利分布，而强度 I 或者功率 P 则呈负指数分布。实际上，在单通道 SAR 系统中，相位并不会提供有用信息，振幅（或强

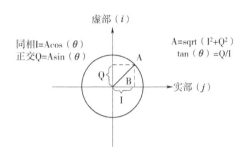

图 2.7　SAR 数据实部与虚部示意

度）才是唯一有用的信息。因此，SAR 数据提供的形式常为单视复数据（SLC）、振幅数据（Amplitude）和强度/功率（Intensity/Power）数据等。

（2）斑点噪声。SAR 是相干系统，斑点噪声是其固有的特性。在均匀区域，图像亮度表现出明显的随机变化，与分辨率、极化方式、入射角没有直接关系，属于随机噪声。斑点是与噪声类似的影像特征，在雷达等连贯系统中产生。因为地物或者地物表面对雷达等电磁波后向散射产生干扰，在影像上斑点呈现出随机分布的特点。雷达照射地物时，每个地面目标的后向散射能量都随着功率和相位的变化而产生变化，这些变化在影像上表现为一个个没有规律的零散的点，这些零散的点被连贯性地记录下来，被称作随机漫反射（Random Walk），如图 2.8 所示。

这些收集起来的零散的值可高可低，这取决于不同的干涉类型。这些统计性的值的高低波动（方差）或者不确定性，与 SAR 影像上每个像元点的亮度值有关。将 SAR 信号转化为实际的影像需要经过聚焦处理，通常会使用多视处理。多视处理之后，实际 SAR 影像中依然存在相当的斑点噪声，此时可以通过自适应图像修复技术（不同的滤波方法）进一步减少噪声。值得注意的是，与系统噪声不同，斑点是雷达系统真实的电磁测量值。

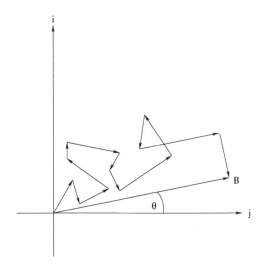

图 2.8　随机漫反射

三、极化 SAR 基本概念

极化雷达目标分解理论是为了更好地解译极化数据而发展起来的。由 Huynen（1978）提出的目标分解定理，有助于利用极化散射矩阵揭示散射体的物理机理，促进对极化信息的充分利用，因此受到越来越多的关注。经过近 30 年的发展，各种目标分解方法相继产生。总的来说，极化分解方法的核心是将目标的散射特征分解为若干个简单散射体的叠加，并通过分析简单的散射体响应及其贡献率来提取和解译目标的物理特性。根据目标散射特性的变化与否，极化目标分解的方法大致可分为 2 类：一类是针对目标散射矩阵的分解，此时要求目标的散射特征是确定的或稳态的，散射回波是相干的，也称为相干目标分解，主要包括 Pauli 分解、SDH 分解、Cameron 分解和 SSCM 分解等；另一类是针对极化协方差矩阵、极化相干矩阵、Mueller 矩阵或 Stokes 矩阵的分解，此时目标散射可以是非确定的，回波是非相干的，称为非相干目标分解，在非相干目标极化分解之前需要进行集合平均运算，这个过程会损失一些目标信息。非相干的极化 SAR 分解方法主要包括：Huynen 分解、Freeman-Durden 分解、Yamaguchi 分解、Touzi 分解以及 Cloude 分解等（李坤，2012）。

自然界的地物目标是复杂多样的，它们与雷达波束的相互作用过程和机理十分复杂。为了便于研究分析目标与雷达波束的相互作用机理，一般将自然目标的散射简化为 3 大类：粗糙面散射、二面角散射和体散射（李坤，2012）。

1. 粗糙面散射

粗糙面散射的后向散射强度主要受到表面介电常数和粗糙度影响。表面粗糙度取决于介质表面的形态结构和对应雷达入射波的波长，一般用均方根误差和相关长度来衡量。介电常数是介质的物理属性，用于表征介质吸收电磁波能量的能力。

2. 二面角散射

二面角散射来自由 2 种相同或不同介质垂直表面构成的特殊角发射器，在 2 个平面形成的法平面与雷达入射波夹角小于 90°时，都会发生这种散射。自然界中的二面角反射器比较普遍，例如互相垂直或近似垂直的树干—地面，城市房屋的墙面—地面，垂直结构比较明显的浸没植被与下垫面（芦苇、水稻等）。在城市区域，屋角等结构还会形成三面角反射器，但是三面角反射自然界中不太常见。

3. 体散射

体散射是指在一种或多种介质内部发生多次散射的过程。自然界的体散射主要有植被冠层、干燥土壤表层内部、沙地内部及雪的内部等。体散射的强度与介质的物理属性（如介电常数、颗粒度、形状结构等）以及雷达系统参数（如波长、极化和入射角等）存在密切的关系。对于体散射的介质常用非均匀离散介质来描述和表征。而非均匀离散介质可看作由大量均匀分布的相同的散射介质和背景介质组成，如森林的树冠层可假设为大量圆盘状的树叶及细长柱状的小树枝组成，背景介质为空气。在忽略相互之间多重散射的情况下，植被层的散射通过 3 个参数来刻画：影响体散射强度的电磁波密度、粒子的形状和方向分布。

4. Freeman-Durden 分解

Freeman-Durden 分解是 1 种基于物理散射模型的分解方法。它把目标的协方差矩阵分解为 3 个分量，如图 2.9 Freeman-Durden 分解的 3 种散射机制模型所示。一是面散射或单次散射，如图 2.9（A）所示，利用一阶 Bragg 表面散射来表征；二是二次散射，如图 2.9（B）所示，利用 2 个介电常数不同的正交表面构成的二面角散射来表征；三是体散射，如图 2.9（C）所示，利用一组方向随机的偶极子散射来表征。Freeman-Durden 分解的优势在于它是基于雷达后向散射的物理机制，而不仅是 1 种数学变化，便于理解和应用。此外，Freeman-Durden 分解中的 3 个分量在统计上是独立不相关的，允许三者相加。Freeman-Durden 分解在森林和其他植被覆盖地表分类识别中的应用效果比较好（Freeman et al., 1998）。

(A) 表面散射　　　　(B) 二次散射　　　　(C) 体散射

图 2.9　Freeman-Durden 分解的 3 种散射机制模型

5. Cloude-Pottier 分解

1997 年，Cloude 和 Pottier 提出了 1 种基于特征值和特征向量的目标分解方法。这种方法对目标的相干矩阵进行特征分解，利用特征向量表示散射机制，特征值表示对应特征向量所代表的散射机制的贡献，为目标的散射提供 1 种旋转不变的描述。

根据特征分解的理论，相干矩阵 $[T_3]$ 为半正定 Hermitian 矩阵，即共轭对称的方阵，可以表示为：

$$[T_3] = [U_3] [\textstyle\sum_3] [U_3]^{-1} \tag{2.6}$$

式中，$[\sum_3]$ 为非负实对角阵，包含相干矩阵的特征值 λ_i，矩阵 $[U_3]$ 包含相干阵 $[T_3]$ 的特征向量 $\vec{u}_i$（$i = 1$，2，3），因此，相干矩阵 $[T_3]$ 可以分解为 3 个秩为 1 的矩阵。

$$[T_3] = \sum_{i=1}^{i=3} \lambda_i [T_3]_i = \sum_{i=1}^{i=3} \lambda_i \vec{u}_i \cdot \vec{u}_i^{*T} \tag{2.7}$$

四、极化 SAR 数据源

1. RADARSAT-2 数据

RADARSAT-2 是 1 颗搭载 C 波段传感器的高分辨率商用雷达卫星，于 2007 年 12 月 14 日由加拿大太空署与 MDA 公司合作，在哈萨克斯坦拜科努尔基地发射升空。卫星设计寿命 7 年而预计使用寿命为 12 年，已超时运营。其具有最高可达 1 m 的空间分辨率成像能力，多种极化方式可供用户选择，根据地面指令可进行左右视切换，从而缩短了卫星的重访周期，并增加了立体数据的获取能力。另外，卫星具有十分强大的数据存储功能，并且具有高精度姿态测量及控制能力。该卫星高度为 798 km（赤道上空），相同入射角重访周期为 24 d，可选择左右侧视 2 种拍摄方向进行成像。共计 11 种波束模式，多极化方式可供选择，幅宽从 20~500 km 不等，是目前影像质量最高、应用领域最广的 SAR 数据之一。

RADARSAT-2 是世界上最先进的商业卫星之一。其基本参数见表 2.1。作为 RADARSAT-1 的后续星，RADARSAT-2 不仅扩展了 RADARSAT-1 的拍摄能力和成像模式，还增加了 3m 分辨率的超精细模式和 8 m 的全极化模式。与 RADARSAT-1 相比，RADARSAT-2 更为灵活，可以根据指令在左右视图之间切换，不仅缩短了重访周期，而且提高了获取立体图像的能力。RADARSAT-2 除了缩短重访间隔、保证数据接收和更快的图像处理速度外，还可以提供 11 种波束模式，包括 2 种高分辨率模式、3 种偏振模式、加宽扫描和大容量固态记录。所有这些都使得 RADARSAT-2 的操作更加灵活和方便。RADARSAT-2 的成像模式和波束模式特征如表 2.2 所示。

表 2.1 RADARSAT-2 基本参数

轨道高度（km）	轨道重复周期（d）	极化方式	频率（GHz）	轨道倾角（°）	轨道类型	侧视方向	Chirp 带宽（MHz）
798	24	HH，VV，HV，VH	5.405	98.6	太阳同步轨道	左右侧视	100

表 2.2 RADARSAT-2 波束模式特征

波束模式	极化方式	入射角（°）	标称分辨率（m）		景标准尺寸（km×km）
			距离向	方位向	
超精细	可选单极化	30~49	3	3	20×20
多视精细	（HH、VV、HV、VH）	30~50	8	8	50×50
精细	可选单 & 双极化	30~50	8	8	50×50
标准	（HH、VV、HV、VH）&	20~49	25	26	100×100
宽	（HH&HV、VV&VH）	20~45	30	26	150×150
四极化精细	四极化	20~41	12	8	25×25
四极化标准	（HH&VV&HV&VH）	20~41	25	8	25×25
高入射角	单极化（HH）	49~60	18	26	75×75
窄幅扫描	可选单 & 双极化	20~46	50	50	300×300
宽幅扫描	（HH、VV、HV、VH）& （HH&HV、VV&VH）	20~49	100	100	500×500

　　本研究使用 2 年共 8 景 RADARSAT-2 数据，其中 2018 年 3 景，2019 年 5 景，均为精细全极化模式的单视复数影像，该类型数据不但保留了各波束模式可以得到的最优分辨率以及聚焦 SAR 数据的最优相位及幅度信息，数据还做了卫星接收误差的校正，投影方式为斜距投影，以 32 位复数形式记录。该模式下数据幅宽为 25 km，分辨率为 5.2 m×7.6 m（距离向×方位向）。每景影像的详细参数如表

2.3 所示。

表 2.3 RADARSAT-2 数据参数

拍摄时间	模式	入射角（°）	升降轨	产品级别	玉米物候期	棉花物候期
2018 年 SAR 数据						
2018 年 7 月 14 日	FQ7	26.6	升轨	SLC	拔节期	蕾期后期
2018 年 8 月 7 日	FQ7	26.6	升轨	SLC	抽穗期后期	花铃期前期
2018 年 9 月 24 日	FQ7	26.6	升轨	SLC	成熟期早期	吐穗期中期
2019 年 SAR 数据						
2019 年 6 月 18 日	FQ23	42.1	升轨	SLC	—	播种期后期
2019 年 7 月 12 日	FQ23	42.1	升轨	SLC	拔节期	蕾期后期
2019 年 8 月 5 日	FQ23	42.1	升轨	SLC	抽穗期后期	花铃期前期
2019 年 8 月 29 日	FQ23	42.1	升轨	SLC	乳熟期中期	花铃期中期
2019 年 9 月 22 日	FQ23	42.1	升轨	SLC	成熟期早期	吐穗期中期

2. TerraSAR-X 数据

TerraSAR-X 雷达卫星是德国第 1 颗卫星，由德国政府和工业界共同研制，工作于 X 波段，设计寿命为 5 年，中心频率为 9.6GHz。TerraSAR-X 可在高 514 km 的轨道上环绕地球，利用有源天线昼夜搜集雷达数据，分辨率可达到 1 m。利用 TerraSAR-X 卫星能够研究土壤特征，观察并更好地分类不同作物，TerraSAR-X 还将为城市区域观测提供全新的视角。基于高分辨率优势，TerraSAR 能够精确测绘独立建筑、城市结构和基础设施（如公路、铁路沿线），还可以应用于海洋和沿海区域观测、两极地区观测。TerraSAR-X 卫星参数如表2.4 所示。

表 2.4   TerraSAR-X 卫星技术参数

发射日期	轨道类型、高度	重访周期	成像模式	成像分辨率	拍摄范围	极化方式	侧摆范围
2007 年 6 月 15 日	太阳同步轨道，514.8km	11d	聚束模式	1m~2m×1m	5km~10km×10km	单极化（VV 或 HH）双极化（HH/VV）	20°~55°
			条带模式	3m×3m	30km×50km	单极化（VV 或 HH）双极化（HH/VV，HH/HV，VV/HV），全极化（HH/VV/HV/VH）	20°~45°
			推扫模式	16m×16m	150km×100km	单极化（VV 或 HH）	20°~45°

3. ALOS-2 数据

2014 年 5 月 24 日 JAXA 宇宙航空研究开发机构于种子岛宇宙中心 12 时 5 分 14 秒成功发射了陆地观测技术卫星 ALOS-2。ALOS-2 是唯一 1 个利用 L 波段频率的高分辨率机载合成孔径雷达，它能够用于监测地壳运动和地球环境，不受气候条件和时间的影响获得观测数据。1~3 m 的高分辨率，在地球观测卫星上的 L 波段合成孔径雷达领域中位居世界第一。利用如此高的分辨率，ALOS-2 卫星能够达到把握灾害状况、农林渔业、海洋观测、资源勘探等多个目的。ALOS-2 可以选择 3 个类型的观测模式：高分辨率 1 m×3 m 的"聚束模式"（观测范围 25 km），分辨率 3~10 m 的"条带模式"（观测范围 50~70 km），观测大范围的"扫描模式"（分辨率 60~100 m，观测范围 350~490 km）。ALOS 与 ALOS-2 卫星技术参数对比如表 2.5 所示。

表 2.5   ALOS 与 ALOS-2 卫星技术参数对比

观测参数	ALOS（2006 年发射）	ALOS-2（2014 年发射）
重访时间	46 d	14 d
观测频率	观测时间：白天受限，与光学手段分时工作 侧视角：8~60°（右向侧视）	观测时间：无约束 侧视角：8~70°（左向及右向侧视能力）

（续表）

观测参数	ALOS（2006 年发射）	ALOS-2（2014 年发射）
空间分辨率	条带绘图模式：10 m 扫描 SAR 模式：100 m	条带绘图模式：3 m/6 m/10 m 扫描 SAR 模式：100 m 聚束模式：1 m×3 m

4. GF-3 卫星数据

2016 年 8 月 10 日 6 时 55 分，我国在太原卫星发射中心用长征四号丙运载火箭成功发射 GF-3 卫星。GF-3 卫星由中国航天科技集团公司五院研制，是我国首颗分辨率达到 1 m 的 C 频段多极化合成孔径雷达（SAR）卫星，将显著提升我国对地遥感观测能力，是高分专项工程实现时空协调、全天候、全天时对地观测目标的重要基础（表2.6）。GF-3 卫星具备 12 种成像模式，涵盖传统的条带成像模式和扫描成像模式，以及面向海洋应用的波成像模式和全球观测成像模式，是世界上成像模式最多的合成孔径雷达卫星（表 2.7）。卫星成像幅宽大，与高空间分辨率优势相结合，既能实现大范围普查，也能详查特定区域，可满足不同用户对不同目标成像的需求。此外，GF-3 卫星还是我国首颗设计使用寿命 8 年的低轨遥感卫星，能为用户提供长时间稳定的数据支撑服务，大幅提升了卫星系统效益。

表 2.6　GF-3 卫星平台指标

轨道高度（km）	轨道类型	波段	天线类型	平面定位精度	常规入射角（°）	扩展入射角（°）
755	太阳同步回归晨昏轨道	C	波导缝隙相控阵	无控优于 230m（入射角 20°~50°）	20~50	10~60

表 2.7　GF-3 卫星有效载荷技术指标

成像模式名称		分辨率（m）	幅宽（km）	极化方式
滑块聚束（SL）		1	10	单极化
条带成像模式	超精细条带（UFS）	3	30	单极化
	精细条带 1（FSI）	5	50	双极化

（续表）

成像模式名称		分辨率（m）	幅宽（km）	极化方式
条带成像模式	精细条带 2（FSII）	10	100	双极化
	标准条带（SS）	25	130	双极化
	全极化条带 1（QPSI）	8	30	全极化
	全极化条带 2（QPSII）	25	40	全极化
扫描成像模式	窄幅扫描（NSC）	50	300	双极化
	宽幅扫描（WSC）	100	500	双极化
	全球观测成像模式（GLO）	500	650	双极化
波成像模式（WAV）		10	5	全极化
扩展入射角（EXT）	低入射角	25	130	双极化
	高入射角	25	80	双极化

五、极化 SAR 数据预处理

极化 SAR 预处理过程包括辐射定标、噪声滤波（精致 LEE 滤波算法，窗口大小为 7×7）和地理编码。本研究中对雷达数据预处理使用了 PolSARpro 和 NEST 2 款软件。

PolSARpro 是专门处理 SAR 图像的开源软件，该软件在极化和极化干涉雷达信号领域提出了成熟的算法处理，具有高级功能用以进行深入分析。研究中主要使用 PolSARpro 5.1.2 对原始数据进行辐射定标、滤波及目标分解（包括 Freeman 分解、Yamaguchi 分解、Cloude 分解等）。

NEST 是欧空局专门为处理雷达数据提供的数据包，软件全称是 Next ESA SAR Toolbox，使用的版本为 4C-1.1，该软件可用于读取、预处理、分析和显示雷达数据。研究中主要使用该软件对分解后得到的各极化特征进行距离-多普勒地理编码（其中使用软件自动匹配下载得到的 30 m 分辨率的 DEM 数据减少地形对 SAR 数据质量的影响），最后投影到"WGS 84 UTM-Zone 50"投影坐标系中。

第三节　农作物物候数据

衡水市是国家、河北省的粮食生产基地、棉花生产基地和京津重要的农副产品加工供应基地，调查研究区内旱地作物的物候时期，有利于提前制订野外调查计划，为购买 SAR 数据提供参考。研究区主要的旱地作物为冬小麦、夏玉米和棉花（其中冬小麦和夏玉米进行轮作），本次研究对象选择玉米和棉花 2 种作物进行识别研究，衡水市棉花和玉米的物候期如表 2.8、表 2.9 所示。

表 2.8　衡水市玉米候期概况

播种出苗期	拔节期	抽穗期	乳熟期	成熟期
5 月下旬—6 月下旬	6 月下旬—7 月中旬	7 月下旬—8 月上旬	8 月中旬—9 月中旬	9 月下旬—10 月上旬

表 2.9　衡水市棉花候期概况

播种出苗期	苗期	蕾期	花铃期	吐穗期
4 月中旬—4 月底	5 月上旬—6 月上旬	6 月中旬—7 月下旬	8 月上旬—9 月下旬	9 月下旬—11 月初

第四节　地面实测数据

在 2018 年 6—9 月和 2019 年 6—9 月，对冀州市研究区内地物覆盖类型进行实地调查，在该区域内对 4 种典型地物各设置样方 100 个左右，并结合手持 GPS、LAI-2000、卷尺记录各样方的地理坐标、叶面积指数、株高、株距等参数，用于分析旱地作物散射机制，即其散射类型、功率等随作物生长发生的改变。2 种典型旱地作物不同时期的实际生长情况如表 2.10 所示。

表 2.10　2019 年旱地作物不同时期实际生长情况

6 月 18 日	7 月 12 日	8 月 5 日	8 月 29 日	9 月 22 日
玉米				
棉花				

主要测量的旱地作物生物学参数及测量方法如下。

叶面积指数（Leaf Area Index，LAI）：采用 LAI-2000 植被冠层分析仪对每个样方内长势均匀区域进行测量。每个样方设置 3 个测量点，每个测量点测 3 次 LAI 求平均值即为该点的 LAI 值，最后 3 个测量点的 LAI 值求平均值即为该样方的 LAI 值。

株高：使用钢卷尺测量作物株高。每个小样方内选 3 株具有代表性、长势均匀且距离较远的植株测量其自然高度，最后取 3 株作物株高的平均值作为该样方内作物株高。

株距（植株密度）：研究区内玉米和棉花的播种方式均为行播，因此测量范围选 4 个行距（垂直于垄向）、5 个株距（平行于垄向）作为测量范围，并求出单行平均距离和单株平均距离，两者的乘积即为单株作物的占地面积，从而计算每平方米的植株数量即植株密度。

采集到地面样点地理坐标之后，需要结合高分辨率光学影像对训练样本进行数字化处理，主要原因：一是 SAR 数据空间分辨率和信噪比相比于光学数据仍有不足，使用光学数据对样本进行数字化处理有利于得到更为精准地训练样本，从而减小误差；二是光学数据中水体和建筑可以进行目视解译，在实地调查中可以不用对建筑和水体的地理坐标进行确定，而是后期在影像上进行勾选，进而减少野外实地调查的工作量。研究选用 GF-1 数据（空间分辨率 2 m），经图像裁剪、拼接、图像融合、投影转换、几何精矫正等预处理之后，根据实地记录的地理坐标结合目视解译进行训练样本的数字化处理，最终得到 2 年的样方数据空间分布，如图 2.10 所示。

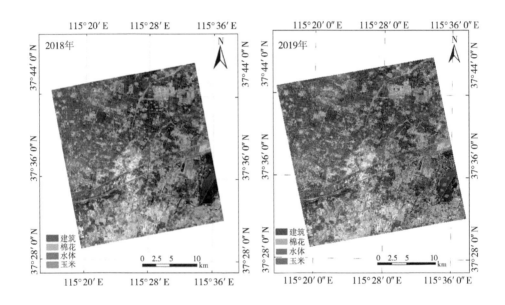

图 2.10　4 种典型地物样方数据空间分布

在深州市研究区，结合冬小麦和玉米的关键生育期和卫星过境时间，2017 年 3 月—2018 年 10 月，进行了 10 余次作物及地面参数的相关野外观测实验，其中测量实验点的示意图如图 2.11 所示。

观测相关参数的具体方法如下（李贺，2016）。

1. 叶面积指数（LAI）

作物叶面积指数测定分为手工测量（地面和大区域试验选取方法）和仪器测量（小区域试验选取方法）2 种方式。

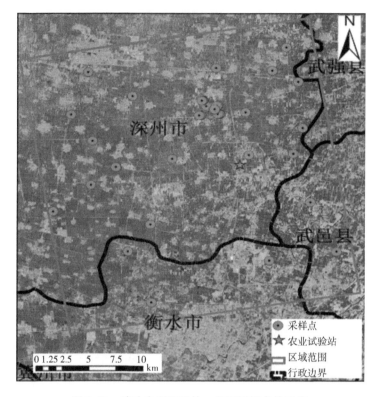

图 2.11　试验中所用到的一些测量样点的示意

（1）手工测量。人工现场进行田间抽样，记录一定面积内的小麦苗数，进行折算，得到基本苗数。割取代表性小麦苗株 30 株带回实验室，在室内测定实际叶片面积，再平均得到实际的单株叶片面积（一般测定有同化能力的绿色叶片）。然后根据基本苗数（每亩小麦总株数），换算得到实际的叶面积指数。

（2）仪器测量。采用 LI-COR 公司生产的 LAI-2200 植被冠层分析仪。LAI-2200 不需要接触作物，直接观测小麦冠层上、下的漫散射变化来间接求取冬小麦的有效 LAI（直接参与植被光合作用的叶片）。有效 LAI 在实际应用中等价于实际 LAI，两者具有相同的光截获能力。为得到准确的 LAI 观测结果，尽量避免因太阳光线直射引起的测量误差，观测时观测者应背部面向太阳，并且探头也需加盖镜头盖。LAI-2200 设置为 1 个天空光，3 个测量目标值，探头佩带 45°张角的镜头盖（Cap）。测量时，从第 1 垄小麦开始沿与垄行呈 45°角度方向向前，逐渐向第 2 垄方向移动，当移至第 2 垄时再转向第 1 垄一侧，也沿着与垄呈 45°角方向向前，每个样点观测 3 次，平均后的结果作为该样点的 LAI 观测结果。

2. 作物管理参数测定

主要包括行距、株高、株数和穗数。行距直接利用皮尺测量 2 m 的行数，得到平均的行距。株高利用皮尺测量随机 3 个样本的高度。株数和穗数测量 2 垄×50 cm 的冬小麦样本的株数和穗数。此外，研究调查、记录了研究区域作物播种与收获日期、播种深度、灌水日期与灌水量、施肥日期与施肥量、作物物候期等信息。

3. 采样点地理位置和地面控制点的测定

利用 Trimble GeoXT3000 GPS 精确定位采样点和地面控制点的地理位置，并保证每个点的定位精度都小于 1m。

第五节　本 章 小 结

研究区地处华北地区粮食主产区，该地区地势平坦、作物类型结构单一，主要农作物为小麦、玉米和棉花，其他作物较少，适用于极化 SAR 数据对旱地作物进行分类研究。本章主要介绍了 SAR 工作原理与基本概念、极化 SAR 数据、地面实测数据、研究区农作物物候数据，为本书后面章节的研究提供了重要保障。

第三章　多特征多时相下的极化 SAR 农作物分类研究

第一节　绪　　论

旱地作物包含了重要的粮食作物（玉米、小麦等）和典型的经济作物（棉花、花生等），快速获取旱地作物面积信息，可为作物产量估计和保障粮食安全提供重要的数据支撑（杨邦杰 等，2002；张焕雪，2017；鹿琳琳 等，2018）。华北地区作物生长的关键阶段云雨天气频繁，往往对光学影像获取的质量和数量带来的较大影响，从而降低了作物面积监测的准确性和时效性。由于不受云雨天气和雾霾的影响，不依赖太阳光成像，具有全天时、全天候监测的优点，合成孔径雷达（Synthetic Aperture Radar，SAR）在作物识别研究中受到广泛应用。和光学数据不同，全极化 SAR 数据包含了目标的散射矩阵、几何结构细节和介电常数信息，对地表植被散射体的几何形状、高度都很敏感，能够弥补光学遥感的不足，在农作物识别和监测中具有独特优势（Zhang et al.，2008）。

水稻生长期有独特的下垫面，有助于水稻的识别，目前的作物分类研究主要集中在水稻的面积提取（Le Toan et al.，1997；Choudhury et al.，2006；张云柏，2004；杨沈斌，2008），逐渐有少量学者使用 SAR 数据对旱地作物识别进行研究，但仅限于比较不同的分解方法、分类方法（Wang et al.，2016；Jiao et al.，2014；陈军 等，2014；朱腾 等，2015）。在最近结合多时相数据对旱地作物进行分类的研究中，

Liu et al.（2013）基于加拿大安大略东部的连续 3 年 RADARSAT-2 数据，使用 Pauli 分解对该地区的玉米、春小麦、大豆等作物进行监测，发现物候期的变化会使散射特征发生显著变化，这有助于识别作物类型，使用多时相数据结合最大似然法进行分类的精度达到 85%。Huang et al.（2017）基于多时相的 RADARSAT-2 数据，分析了不同时相下地物散射特征的差异，使用二叉树的分类方法对加拿大安大略省西部地区玉米、小麦、大豆、森林和城市进行分类，最终分类精度为 87.5%，Kappa 系数为 0.85。McNairn et al.（2009c）基于多时相的 3 种数据（ASAR、RADARSAT-1 和全极化 ALOS-PALSAR），比较 Cloude 分解、Freeman 分解和 Krogager 分解对加拿大渥太华附近的玉米、大豆、谷物（小麦、大麦和燕麦）进行识别，使用决策树分类，总体分类精度达到 88.7%，研究还表明利用作物不同物候期散射体制的差异能够对作物进行分类。许多研究表明，多时相的全极化 SAR 数据包含的极化信息不仅包含作物冠层的散射信息，还可以研究作物散射机制随时相的变化，从而提高作物分类精度（丁娅萍，2013；Whelen et al.，2017）。

当前对旱地作物的分类研究总体分类精度仍不足 90%，无法较好的满足实际应用需求。就分类方法而言，哪种分类方法最适用于旱地作物播种面积的快速提取仍有待比较；虽然有学者使用了多时相数据，但并没有比较不同作物的最佳识别时相；目前虽然有将不同分解方法相互比较，但是并没有对分解后的极化特征进行比较，需要优选出最适用于旱地作物分类的极化特征。

本研究选取衡水市冀州区为研究区，利用 2018 年 3 个时相的 RADARSAT-2 全极化影像，采用多时相结合多特征的方法对该区域玉米和棉花进行分类研究，比较 2 种分类方法的分类精度和分类效率，优选最佳的分类时相和分类特征，旨在为改善旱地作物识别精度和效率提供参考依据。

第二节 研 究 方 法

一、研 究 思 路

本研究的技术路线如图 3.1 所示，主要步骤如下：首先，对全极

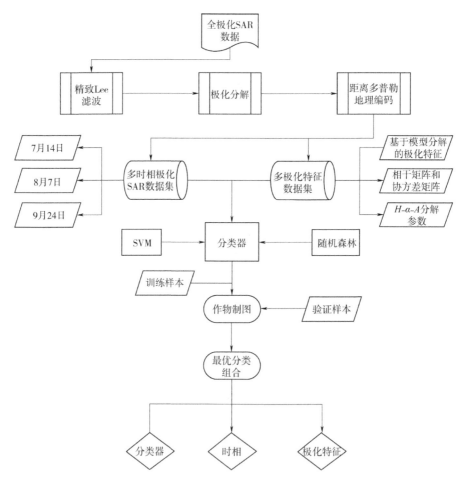

图 3.1 基于极化 SAR 数据的旱地作物分类研究技术路线

化 SAR 数据进行辐射校正、滤波、极化分解、地理编码等预处理，得到多时相的极化特征数据集；其次，使用得到的数据集结合地面真实的训练样本和验证样本，比较分类方法和时相对分类精度的影响；然后，对多时相的极化特征对分类的重要性进行排序；最后，得到最佳分类时相和分类器，并优选出对分类最有效的极化特征，从而改善分类精度和提高分类效率。

二、特　征　提　取

全极化数据能够提取地物目标完整的极化矩阵、几何结构细节介电常数等信息，对地物目标散射体的空间分布、高度、形状和方向均很敏感。极化目标分解是从极化 SAR 数据中提取目标特征的重要方法，极化目标分解所提取的散射特征参数是极化 SAR 图像分类、目标识别、地表物理参数反演等应用的重要依据。

1. 基于特征值与特征向量的散射参数

单次反射特征值相对差异度（Single Bounce Eigenvalue Relative Difference，SERD）和二次反射特征值相对差异度（Double Bounce Eigenvalue Relative Difference，DERD）是由 Allain et al.（2004）由 T_3 矩阵计算得到的基于特征值的 2 个参数。表示为：

$$T_3=\frac{1}{2}\begin{bmatrix} (|S_{HH}+S_{VV}|^2) & ((S_{HH}+S_{VV})(S_{HH}-S_{VV})^*) & 2((S_{HH}+S_{VV})S_{HV}^*) \\ ((S_{HH}-S_{VV})(S_{HH}+S_{VV})^*) & (|S_{HH}-S_{VV}|^2) & 2((S_{HH}-S_{VV})S_{HV}^*) \\ 2(S_{HV}(S_{HH}+S_{VV})^*) & 2(S_{HV}(S_{HH}-S_{VV})^*) & 4(|S_{HV}|^2) \end{bmatrix} \quad (3.1)$$

植被、土壤等自然媒质满足反射对称性假设（Reflection Symmetry Hypothesis），其同极化和交叉极化通道之间的相关性为 0，相应的平均相干矩阵可以表示为：

$$\overline{T_3}=\frac{1}{2}\begin{bmatrix} (|S_{HH}+S_{VV}|^2) & ((S_{HH}+S_{VV})(S_{HH}-S_{VV})^*) & 0 \\ ((S_{HH}-S_{VV})(S_{HH}+S_{VV})^*) & (|S_{HH}-S_{VV}|^2) & 0 \\ 0 & 0 & 4(|S_{HV}|^2) \end{bmatrix} \quad (3.2)$$

可以得到特征值的表达式为：

49

$$\lambda_{1_{NOS}} = \frac{1}{2}\left\{ (|S_{HH}|^2) + (|S_{VV}|^2) + \sqrt{(|S_{HH}|^2) - (|S_{VV}|^2) + 4((S_{HH}S_{VV}^*)^2)} \right\}$$

$$(3.3)$$

$$\lambda_{2_{NOS}} = \frac{1}{2}\left\{ (|S_{HH}|^2) + (|S_{VV}|^2) - \sqrt{(|S_{HH}|^2) - (|S_{VV}|^2) + 4((S_{HH}S_{VV}^*)^2)} \right\}$$

$$(3.4)$$

$$\lambda_{3_{NOS}} = 2(|S_{HV}|^2) \qquad (3.5)$$

利用这 2 个特征向量及特征值, 可以确定散射机制中的 α_i 角。得到的 2 个参数的表达式为:

$$SERD = \frac{\lambda_S - \lambda_{3_{NOS}}}{\lambda_S + \lambda_{3_{NOS}}} \qquad (3.6)$$

$$DERD = \frac{\lambda_D - \lambda_{3_{NOS}}}{\lambda_D + \lambda_{3_{NOS}}} \qquad (3.7)$$

式中, λ_S 和 λ_D 分别对应单次反射和二次反射的 2 个特征值, 其定义如下:

$$a_1 \leqslant \frac{\pi}{4} 或 a_2 \geqslant \frac{\pi}{4} => \begin{cases} \lambda_S = \lambda_{1_{NOS}} \\ \lambda_D = \lambda_{2_{NOS}} \end{cases},$$

$$且 a_1 \geqslant \frac{\pi}{4} 或 a_2 \leqslant \frac{\pi}{4} => \begin{cases} \lambda_S = \lambda_{2_{NOS}} \\ \lambda_D = \lambda_{1_{NOS}} \end{cases} \qquad (3.8)$$

Luneburg (2001) 提出了目标随机性 (Target Randomness) 参数, 定义为:

$$P_R = \sqrt{\frac{3}{2}} \sqrt{\frac{\lambda_2^2 + \lambda_3^2}{\lambda_{21}^2 + \lambda_2^2 + \lambda_3^2}} \qquad (3.9)$$

Vanzyl (1993) 采用了随机指向的介质圆柱体模型分析植被散射, 定义了雷达植被指数 (Radar Vegetation Index, RVI):

$$RVI = \frac{4\lambda_3}{\lambda_1 + \lambda_2 + \lambda_3}, \ 0 \leqslant RVI \leqslant \frac{4}{3} \qquad (3.10)$$

Durden et al.（1990）提出了基高（Pedestal Height，PH）作为测量散射过程随机性的极化特征。定义如下：

$$PH = \frac{min(\lambda_1, \lambda_2, \lambda_3)}{max(\lambda_1, \lambda_2, \lambda_3)}, \ \lambda_1 \geqslant \lambda_2 \geqslant \lambda_3, 0 \leqslant PH \leqslant 1 \qquad (3.11)$$

公式（3.9）至公式（3.11）中，λ_1，λ_2，λ_3 分别为相干矩阵的特征值。Morio（2007）和 Réfrégier（2007）等提出香农熵（Shannon Entropy，SE），它由极化分量 SE_P 与强度分量 SE_I 相加得到，分别定义为：

$$SE = \log(\pi^3 e^3 |T_3|) = SE_p + SE_I \qquad (3.12)$$

$$SE_p = 3\log\left(\frac{\pi e \, I_T}{3}\right) = 3\log\left(\frac{\pi e Tr(T_3)}{3}\right) \qquad (3.13)$$

$$SE_I = \log(1 - P_T^2) = \log\left(27\, \frac{|T_3|}{Tr\,|T_3|^3}\right) \qquad (3.14)$$

基于 T_3 矩阵的 Cloude 分解还可以得到更多的极化特征，例如：entropy（H），anisotropy（A），the mean scattering alpha angle（$\bar{\alpha}$），Probability1（P_1），Probability2（P_2），Probability3（P_3），the polarization orientation beta angle（β），the polarization orientation delta angle（δ），the polarization orientation gamma angle（γ），the first eigenvector（L_1），the second eigenvector（L_2）and the third eigenvector（L_3）。

2. 基于物理模型分解的散射特征

Freeman-Durden et al.（1998）分解方法是 1 种基于散射模型的分解方法，这种分解方法的独特之处在于，不需要任何地面实测的数据。基于散射模型的分解方法是以实际的物理散射模型为基础，对接收到的极化 SAR 数据，由单次散射（Freeman-odd）、二面角散射（Freeman-dbl）、体散射（Freeman-vol）3 种类型的散射机制建立模型进行分类处理。Yamaguchi 分解是在 Freeman 分解的基础再上加入了螺旋体散射分量（Yamaguchi-hlx）（Yamaguchi et al.，2005）。Zhang et al.（2008，2010）在 Yamaguchi 四分量分解的基础上提出了多分量散射模型（Multiple Component Scattering Model，MCSM），并增加了 1 个对城市地区更为敏感的线散射分量（MCSM-wire）。其线散射分量的散射矩阵表示为：

$$[S_w] = \begin{bmatrix} \gamma & \rho \\ \rho & 1 \end{bmatrix} \qquad (3.15)$$

式中，γ 和 ρ 是 HH、HV 分别与 VV 的比值：

$$\gamma = \frac{S_{HH}}{S_{VV}} \qquad (3.16)$$

$$\rho = \frac{S_{HV}}{S_{VV}} \qquad (3.17)$$

所以，其协方差矩阵表示为：

$$[C_w] = \begin{bmatrix} |\gamma|^2 & \sqrt{2}\gamma\rho^* & \gamma \\ \sqrt{2}\gamma^*\rho & 2|\rho|^2 & \sqrt{2\rho} \\ \gamma^* & \sqrt{2}\rho^* & 1 \end{bmatrix} \qquad (3.18)$$

根据以上不同的极化分解方法，本研究中共选取了相干分解、非相干分解、相干矩阵主对角线元素、协方差矩阵主对角线元素等 39 个特征作为参与河北省衡水市冀州区典型旱地作物分类的初始特征，所有特征均在 PolSARpro 中运行得到，39 个特征的特征名称及所代表的具体意义如表 3.1 所示。

表 3.1　全极化 SAR 数据极化分解得到的极化特征

编号	特征名称	特征意义
1	Alpha	平局散射角 $\bar{\alpha}$
2	Anisotropy	反熵
3	Anisotropy-lueneburg	目标随机性
4	Beta	目标极化方向角 β
5	C11	C 矩阵主对角线元素 1
6	C22	C 矩阵主对角线元素 2
7	C33	C 矩阵主对角线元素 3
8	Delta	目标极化方向角 δ

（续表）

编号	特征名称	特征意义
9	DERD	二次反射特征值相对差异度
10	Entropy	熵
11	Entropy-shannon	香农熵
12	Entropy-shannon-I	香农熵强度分量
13	Entropy-shannon-p	香农熵极化分量
14	Freeman-odd	Freeman 面散射分量
15	Freeman-dbl	Freeman 二次散射分量
16	Freeman-vol	Freeman 体散射分量
17	Gamma	目标极化方向角 γ
18	P1	Probability1
19	P2	Probability2
20	P3	Probability3
21	L1	特征值 1
22	L2	特征值 2
23	L3	特征值 3
24	Lambda	平均特征向量
25	MCSM-odd	MCSM 面散射分量
26	MCSM-dbl	MCSM 二次散射分量
27	MCSM-vol	MCSM 体散射分量
28	MCSM-hlx	MCSM 螺旋体散射分量
29	MCSM-wire	MCSM 线散射分量
30	Pedestal	基高
31	Rvi	雷达植被指数
32	SERD	单次散射特征值相对差异度
33	T11	T 矩阵主对角线元素 1
34	T22	T 矩阵主对角线元素 2
35	T33	T 矩阵主对角线元素 3
36	Yamaguchi-odd	Yamaguchi 面散射分量
37	Yamaguchi-dbl	Yamaguchi 二次散射分量
38	Yamaguchi-vol	Yamaguchi 体散射分量
39	Yamaguchi-hlx	Yamaguchi 螺旋体散射分量

三、分 类 算 法

随机森林是 2001 年由 Breiman 提出的 1 种高效分类器集成策略，是通过集成学习的思想将多棵树集成的算法，基本单元是 CART 决策树，而本质属于机器学习中的集成学习（Ensemble Learning）（Ok et al.,2012）。

从直观角度来解释，每棵决策树都是 1 个分类器，对于 1 个输入样本，N 棵树会有 N 个分类结果。而随机森林综合所有的分类投票结果，将投票次数最多的类别指定为最终的结果输出；它具有很好的分类精度、较强的抗噪性、对大数据集分类也不需要进行降维、不易出现过度拟合的现象、几乎不需要设置参数，并且具有很好的鲁棒性（Linden et al.，2015）。随机森林在对数据进行分类的同时，还对各个变量对分类的重要性进行评价，给出各个变量在分类中起到的作用大小（Ximeng et al.，2016），已经成为目前遥感影像分类中十分热门的算法。

本研究随机森林分类算法运行平台是 EnMAP-Box，这是 1 款免费开放源代码插件，是基于 IDL（Interactive Data Language）开发的主要用于处理高光谱数据的工具包，可用于遥感栅格数据的可视化和处理，集成了目前主流的 2 种机器学习分类方法（随机森林和支持向量机）。随机森林分类参数中均设置 100 棵树，选用特征数量的平方根进行分类。

支持向量机（Support Vector Machine）是 Cortes 和 Vapnik 于 1995 年首先提出的，它在解决小样本、非线性及高维模式识别中表现稳定、易用并且可以保证较高分类精度。传统的 SVM 需要设置核函数、惩罚系数等参数，本研究使用在 ENVI 5.5 环境下全新图像分类框架，基于机器学习方法实现 SVM 算法的批量处理，能在不设置参数的情况下，先通过对样本进行机器学习，得到最佳的分类参数，最终达到较好的分类效果。

第三节　分类器与分类时相对分类结果的影响

首先对 SAR 数据进行辐射校正、精致 Lee 滤波以及极化分解，得到并且减少了相干斑噪声后的不同的极化分量。在仅使用后向散射信息（C 矩阵主对线元素和 T 矩阵主对角线元素，其中 T 矩阵主对角线元素分别表示了面散射、二次散射和多次散射 3 种分量的能量）的情况下，比较随机森林和支持向量机 2 种分类方法在使用上述 6 个极化特征时对该地区典型地物的分类精度。其中随机森林耗时约 57 min，支持向量机耗时约 18 h。分类结果如表 3.2 所示。

表 3.2　3 个时相上 C、T 矩阵主对角元素对 4 种地物的分类精度

时相	生产者精度（%）				用户精度（%）				总体精度（%）	Kappa 系数
	建筑	棉花	水体	玉米	建筑	棉花	水体	玉米		
随机森林										
7 月 14 日	77.25	9.03	78.40	87.64	78.40	36.50	98.53	75.20	77.31	0.618 6
8 月 7 日	54.13	60.83	93.01	91.10	72.25	78.43	98.51	76.82	78.10	0.636 6
9 月 24 日	60.36	55.65	93.11	92.28	73.39	73.34	98.91	80.13	79.89	0.668 5
支持向量机										
7 月 14 日	78.61	0	93.87	92.42	81.88	0	99.86	75.21	79.29	0.644 3
8 月 7 日	55.63	65.82	92.40	95.72	85.32	88.63	99.70	77.29	79.80	0.658 7
9 月 24 日	58.30	57.79	92.45	95.61	78.42	79.10	98.83	79.67	81.20	0.686 6

从上述分类结果中可以发现：首先，随机森林与支持向量机分类精度基本处于相同水平，但是随机森林分类耗时比支持向量机更短，因此随机森林更适合旱地作物播种面积的快速提取；其次，在使用后向散射信息进行分类时，棉花和玉米的分类精度在 8 月 7 日（玉米抽穗期后期、棉花花铃期前期）分类精度最高（玉米生产精度和用户精度分别为 91.10% 和 76.82%，棉花为 6.83% 和 78.43%）。而总体分类精度在 9 月 24 日（玉米成熟期早期，棉花吐穗期中

期）分类精度最高（79.89%）；最后，早期的后向散射信息对棉花的识别能力很低，生产精度和用户精度都处于很低的水平，棉花的蕾期和玉米的拔节期不适合使用 RADARSAT-2 数据的后向散射信息对 2 种作物进行分类。

第四节　极化特征对分类的重要性评价

考虑到协方差矩阵和相干矩阵包含的信息比较有限，研究使用了极化分解得到的 2 类散射特征（包含基于特征值特征向量分解的 21 个特征和基于散射模型分解的 12 个特征），使用随机森林分类器继续分类，最终得到的分类精度如表 3.3 所示。

表 3.3　3 个时相上极化分解特征对 4 种地物的分类精度

时相	生产者精度（%）				用户精度（%）				总体精度（%）	Kappa 系数
	建筑	棉花	水体	玉米	建筑	棉花	水体	玉米		
7 月 14 日	81.41	9.30	93.81	89.06	82.08	36.22	98.57	76.79	79.24	0.651 7
8 月 7 日	58.37	63.50	93.62	91.61	75.94	82.25	98.52	77.95	79.86	0.666 6
9 月 24 日	64.61	59.77	94.18	91.97	76.01	96.26	98.85	81.38	81.42	0.695 5

从表 3.3 的分类精度中可以看出，使用每个时相上 33 个极化分解得到的特征与仅使用后向散射信息比较而言，总体分类精度有较小的提升，但仍无法满足当前对旱地作物种植面积监测的需求。

将协方差矩阵和相干矩阵的信息与极化分解的特征相结合，得到每个时相上 39 个特征的数据集，分别对 3 个时相的数据集使用随机森林分类器进行分类，分类结果如图 3.2、图 3.3 和图 3.4 所示，分类精度如表 3.4 所示。随机森林分类器同时还对每个特征对分类的重要性进行了评估，得到特征的重要性排序。

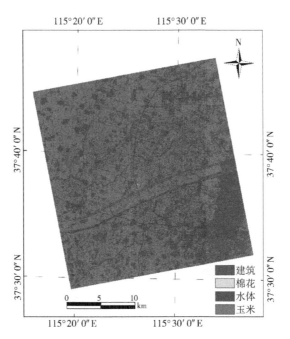

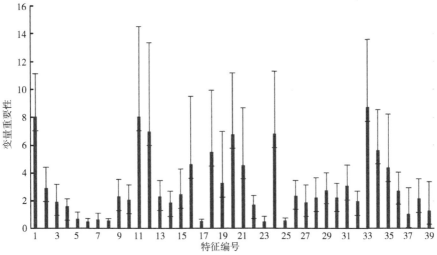

图 3.2　7 月 14 日结合多特征全极化 RADARSAT-2 数据分类结果、各特征的
重要性及标准差

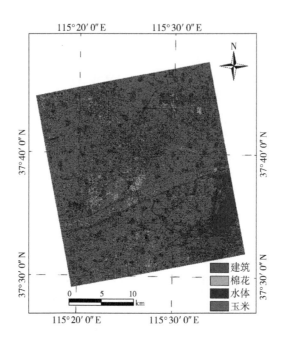

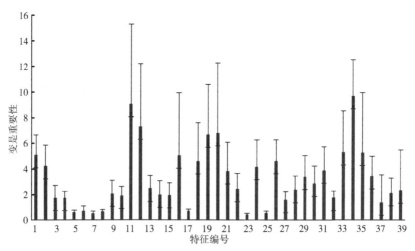

图 3.3 8 月 7 日结合多特征全极化 RADARSAT-2 数据分类结果、 各特征的重要性及标准差

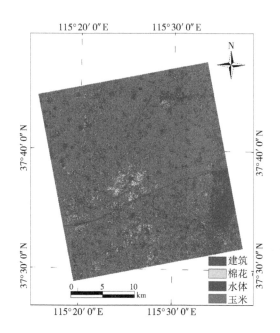

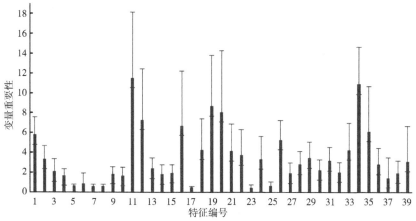

图 3.4　9 月 24 日结合多特征全极化 RADARSAT-2 数据分类结果、
各特征的重要性及标准差

59

表 3.4　不同时相的 RADARSAT-2 数据 39 个极化特征的分类精度

时相	生产者精度（%）				用户精度（%）				总体精度（%）	Kappa系数
	建筑	棉花	水体	玉米	建筑	棉花	水体	玉米		
7 月 14 日	81.46	8.61	93.87	89.37	82.32	35.94	98.64	76.76	79.35	0.653 0
8 月 7 日	58.83	63.67	93.64	98.63	76.04	82.35	98.63	78.08	79.98	0.668 8
9 月 24 日	64.58	60.77	94.07	92.01	76.49	76.98	98.83	81.27	81.52	0.697 1

在 7 月 14 日，特征 1（平均散射角 $\bar{\alpha}$），特征 11（香农熵），特征 12（香农熵强度分量），特征 33（T 矩阵主对角线元素 1）对分类贡献最大，此时玉米处于拔节期，棉花处于蕾期，2 种作物在高度及叶倾角相近，而作物与水体、建筑在平均散射角上存在巨大差异，导致 2 种分类方法都把大量棉花错分类为玉米，使得早期棉花的识别精度较低，而水体和建筑分类精度较好，整体分类精度处于较高水平；在 8 月 7 日，特征 11（香农熵），特征 12（香农熵强度分量），特征 19（特征值 2），特征 20（特征值 3），特征 34（T 矩阵主对角线元素 2）对分类最有帮助，此时玉米处于拔节期后期，棉花处于花铃期后期，2 种作物株高、叶面积指数等参数已经有了明显差异，上述 5 个特征上能够体现出这些差异，使玉米和棉花得以较好的进行分类，此时建筑周围的树林较 7 月 14 日更加茂盛，并遮挡了建筑，使部分建筑被误分为作物，导致建筑物分类精度降低；在 9 月 24 日，特征 11（香农熵），特征 19（特征值 2），特征 34（T 矩阵主对角线元素 2）对分类最有帮助，此时较 8 月 7 日，棉花株高有一定增加，与玉米株高差距减小，玉米进入成熟期，形态并未与 8 月 7 日发生明显变化，致使 2 种作物分类精度有略微降低。

通过比较 3 个时相上多特征 RADARSAT-2 数据的分类结果，可以发现：其一，不同的极化特征对分类的贡献不一样，同一个极化特征在不同时相上对分类的贡献也有差异；其二，增加特征的方法使分类精度仅有小幅提高，仍无法使 2 种作物的分类精度满足实际应用需求；其三，结合第三节的结论，后向散射信息和极化分解的特征都无法在早期对玉米和棉花进行识别；其四，8 月 7 日是棉花和玉米的最佳分类时相，但就总体精度而言，在 9 月 24 日可达到最高。

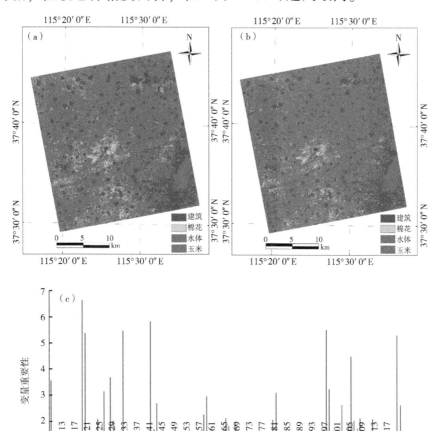

图 3.5　3 个时相结合多特征全极化 RADARSAT-2 数据
分类结果、各特征的重要性及标准差

注：（a）优选前使用所有 117 个特征的分类结果；（b）使用优选后 11 个特征的
分类结果；（c）各特征的归一化重要性（编号 1~39 分别为 7 月 14 日特征，
编号 40~78 分别为 8 月 7 日特征，编号 79~117 分别为 9 月 24 日特征）。

将 3 个时相上的多特征 RADARSAT-2 数据进行分类，使用相同的训练样本和验证样本，耗时约 1.5 h，得到了较好的分类结果，如图 3.5（a）所示，分类精度如表 3.5 所示。从分类重要性排序中，选择对分类贡献均最大的 11 个特征（分类特征重要性排序如图 3.5(c) 所示），这 11 个特征正好分布在 7 月 14 日和 9 月 25 日 2 个时相上，仅使用这些特征对研究区内 4 种地物进行分类，分类耗时约 47 mim，分类结果如图 3.5（b）所示。

表 3.5 结合多时相多特征的 RADARSAT-2 数据对 4 种地物的分类精度

生产者精度（%）				用户精度（%）				总体精度（%）	Kappa 系数
建筑	棉花	水体	玉米	建筑	棉花	水体	玉米		
91.33	77.33	95.13	96.34	90.48	92.26	99.62	93.01	92.89	0.885 9

通过分类结果可以发现，4 种地物的分类精度和只使用单时相数据相比，均有较大的提升。就生产精度而言，建筑最大提升了 32.5%、棉花最大提升了 68.72%、水体最大提升了 1.49%、玉米最大提升了 6.97%；就用户精度而言，建筑最大提升了 14.44%、棉花最大提升了 56.32%、水体最大提升了 0.99%、玉米最大提升了 16.25%；总体分类精度为 92.89%，最大提高了 13.54%，Kappa 系数为 0.885 9，说明分类效果良好。

从分类重要性排序来看，特征 1（7 月 14 日平均散射角$\bar{\alpha}$），特征 11（7 月 14 日香农熵），特征 12（7 月 14 日香农熵强度分量），特征 18（7 月 14 日特征值1），特征 20（7 月 14 日特征值3），特征 24（7 月 14 日 MCSM 面散射分量），特征 33（7 月 14 日 T 矩阵主对角线元素 1），特征 73（8 月 7 日 T 矩阵主对角线元素 2），特征 89（9 月 24 日香农熵），特征 90（9 月 24 日香农熵强度分量），特征 97（9 月 24 日特征值2），特征 112（9 月 24 日 T 矩阵主对角线元素 2）对分类的归一化重要性均大于 3。由此可见：3 个时相中，8 月 7 日的特征在对分类中贡献最小；7 月 14 日和 9 月 24 日 2 个时相的香农熵、香农熵强度分量对分类贡献较大；T 矩阵主对角线元素和特征值对分类也有较大的贡献。

　　总体而言，结合多时相多特征数据在对 4 种地物进行分类时的精度比仅使用单时相、单一分解得到的极化特征时更高，能够较好分类出棉花和玉米，4 种地物的总体分类精度与基于光学数据的分类精度相当。

　　从分类重要性排序中，选择对分类贡献均大于 3 的最大的 11 个特征（7 月 14 日平均散射角$\bar{\alpha}$、香农熵、香农熵强度分量、特征值 1、特征值 3、MCSM 面散射分量、T 矩阵主对角线元素 1；9 月 24 日香农熵、香农熵强度分量、特征值 2、T 矩阵主对角线元素 2），这 11 个特征正好分布在 7 月 14 日和 9 月 25 日 2 个时相上，仅使用这些特征对研究区内 4 种地物进行分类，分类结果如图 3.5(b) 所示，总体分类精度为 90.22%，Kappa 系数为 0.842 2。在没有使用到 8 月 7 日的影像数据的同时，减少了参与分类的特征数量，分类时间从 1.5 h 降低至 47 min，但是分类精度没有较大的下降，在降低了影像数据成本的同时，较大地缩短了分类时长，同时保持了较高的分类精度，为复杂种植结构下旱地作物的快速识别提供了参考。

第五节　本 章 小 结

　　在旱地作物的分类研究中，使用 3 个时相（2018 年 7 月 14 日、2018 年 8 月 7 日、2018 年 9 月 24 日）的全极化 RADARSAT-2 数据，使用不同时相上不同的极化特征，结合随机森林和支持向量机分类器，完成了对河北省衡水市冀州区 4 种典型地物（玉米、棉花、建筑以及水体）的分类，并对 2 种分类方法进行了比较。最终使用随机森林分类器得到的总体分类精度为 92.89%，Kappa 系数为 0.885 9。并对分类时相（玉米拔节期和棉花蕾期后期；玉米抽穗期后期和花铃期前期；玉米成熟期早期和棉花吐穗期中期）和分类特征（每个时相上各 39 个特征）进行了优选。最终得到以下结论。

支持向量机分类精度与随机森林基本处于同一水平，但是支持向量机需要消耗更多的时间，随机森林只需要较短的分类时间即可完成对 4 种典型地物面积及空间分布的提取，因此多时相随机森林更适用于农作物面积快速提取，并且能得到良好的分类结果。

2 种作物的最佳分类时相为 8 月 7 日（玉米抽穗期后期、棉花花铃期前期），而总体分类精度在 9 月 24 日（玉米成熟期早期和棉花吐穗期中期）达到最高。

随着特征数量的增加，分类精度略有上升，最高为 2.11%，而分类耗时增加明显，最大约为 37%。说明仅靠增加特征不足以将分类精度提高到满足实际应用的水平。

7 月 14 日平均散射角 $\bar{\alpha}$、香农熵、香农熵强度分量、特征值 1、特征值 3、MCSM 面散射分量、T 矩阵主对角线元素 1，8 月 7 日 T 矩阵主对角线元素 2，9 月 24 日香农熵、香农熵强度分量、特征值 2、T 矩阵主对角线元素 2 对分类重要性均大于 3，说明 4 种地物在 3 个时相上的这些特征上表现出最大的差异。使用 3 个时相上的 117 个特征能够实现种植面积的准确提取。对分类贡献最大的 11 个极化特征正好分布于 7 月 14 日与 9 月 24 日，在仅使用这 11 个特征，结合随机森林分类器在精度没有较大损失的情况下，缩短了 1/3 的分类时长，最终得到的结果总体分类精度为 90.22%，Kappa 系数为 0.842 2。

总而言之，使用随机森林分类器，结合优选后 2 个时相上 11 个极化特征（7 月 14 日平均散射角 $\bar{\alpha}$、香农熵、香农熵强度分量、特征值 1、特征值 3、MCSM 面散射分量、T 矩阵主对角线元素 1；9 月 24 日香农熵、香农熵强度分量、特征值 2、T 矩阵主对角线元素 2）可完成对棉花和玉米种植面积的快速提取。本研究可为复杂种植结构下快速提取旱地作物面积提供新的思路。

第四章　基于散射机制的旱地作物分类研究

第一节　绪　　论

华北平原是以旱地作物为主的农业区，玉米和棉花是该地区重要的粮食作物和经济作物，其种植面积及空间分布对国家粮食安全及国民经济具有重要意义（杨邦杰 等，2002；钱永兰 等，2007）。遥感技术在大范围作物监测中有着独特的优势，由于华北地区作物生长关键期云雨天气频繁，难以获取足够有效的光学遥感数据（陈水森 等，2005；王迪 等，2012）。微波遥感具有全天时全天候进行地物监测的能力，合成孔径雷达（SAR）数据还包含了地物的散射矩阵、几何结构细节和介电常数信息，在作物识别中具有很大的应用潜力（丁娅萍，2013）。

极化分解理论通过对极化散射矩阵或协方差矩阵等的分解，揭示散射体的极化散射机理，促进对极化信息的挖掘和利用（蔡爱民，2011）。不同的极化特征，从不同方面反映了地物的散射机制，研究作物的散射机理可以提高基于 SAR 数据的作物分类精度，许多学者已经对作物的散射机理开展了一系列研究。

蔡爱民 等（2011）以河北省定兴县为研究区，基于 2009 年 2 景不同时相的 RADARSAT-2 数据，发现冬小麦不同生长期由于结构上的差异，散射特征差别很大，证明作物在不同生长周期具有不同的散射机制。Kumar et al.（2020）使用 2014—2015 年 6 景 RADARSAT-2 数据，以印度 Vijayawada 试验场为研究区，在紧致极化模式下，比较不同地物在不同生长周期体散射、二次散射、面散射功率占比的变化，发现不同作物不同生长阶段散射功率占比存在较大差异，可基于功率差异进行作物的分类研究。Huang et al.（2017）以加拿大安大略省西南部为研究区，基于 2014 年 7 景连续的 RADARSAT-2 数据，分析不同地物散射机制随时相的变化，提出 1 种基于最大极化特征差异的多时相监督二叉树分类方案，对该地区 7 种地物的分类精度达到了 87.5%。Yin et al.（2017）使用 1 景 2017 年旧金山 GF-3 数据，基于散射机制提出了同极化参数比值 $\Delta \alpha_B / \alpha_B$ 用于地物分类，较传统的 $H/\bar{\alpha}$ 分类，精度提高 3%~5%。可以发现基于散射机制的分类研究可以对作物的分类精度有所提升。同时也有学者对作物早期的主导散射类型进行了研究，如 Zeyada et al.（2015）基于埃及 Al-Jimmeza Village 2007 年 12 月的 RADARSAT-2 数据，使用 Cloude 分解对该地区 5 种地物类型散射机制进行分析，发现作物生长早期主要以面散射为主。Huang et al.（2019）以加拿大 London 和 Carman 为研究区，使用 London 地区 2012 年 6 景、Carman 地区 2018 年 16 景 RADARSAT-2 影像，提出 1 种机器学习结合最佳散射机制的多时相二叉树监督分类方法，比较了随机森林、SVM 和神经网络分类器对研究区 6~10 种地物类型的分类精度，认为神经网络的分类精度最高（最高为 91%），但提出的方法相比传统的方法需要巨大的计算资源。Dong et al.（2020）使用不同类型的 SAR 数据对旧金山不同的土地利用类型进行分类，基于 Component Ratio-based Distance，使用 3 种数据的分类精度均难以达到 80% 以上。可见当前基于散射机制的作物分类研究仍存在所需计算量过大或者分类精度不足等问题。

目前针对旱地作物散射机制已有一定的研究，国内外学者根据不同的极化分解参数对不同作物的散射机制已有初步研究，并开展了基于散射机制的作物分类研究，但总体分类精度仍难以达到 90% 以上，同时对作物生理结构是如何影响作物散射机制的相关研究仍然较少。

本章以河北省冀州区为研究区，利用 2019 年 5 景 RADARSAT-2 全极化 SAR 影像，从定性和定量 2 个方面对研究区玉米和棉花散射机制进行研究，比较2种作物不同散射功率随生物学参数的变化，最终根据作物散射功率的时相性差异选取最佳的分类特征进行分类，旨在为分析旱地作物的散射机制和提高分类精度提供参考。

第二节　研 究 方 法

一、研 究 思 路

本研究的技术路线如图4.1所示，主要的研究思路如下：首先，对极化SAR数据进行辐射定标、滤波、极化分解、地理编码等处理，得到不同极化分解后的极化特征；其次，绘制极化响应图来定性评价

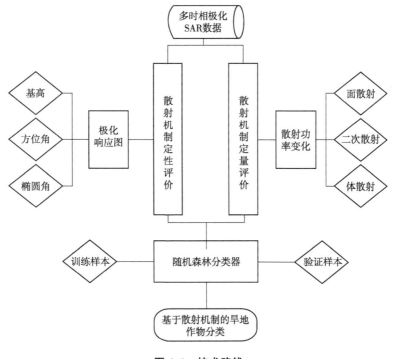

图 4.1　技术路线

研究区旱地作物生长阶段主导散射类型，并绘制研究区内平均散射角和散射熵的变化分析研究区地物散射类型和散射复杂度的变化情况；再次，定量分析玉米和棉花散射功率与作物生理参数之间的关系，并比较 2 种作物散射机制的差异；最后，根据 4 种地物不同散射类型功率的差异进行分类，提高旱地作物的分类精度。

二、典型地物散射信息提取方法

1. 基于特征值与特征向量的散射特征

基于 T_3 矩阵的 Cloude 分解（1996）可以得到更多的极化特征，例如：熵 Entropy（H），反熵 Anisotropy（A），平均散射角 The Mean Scattering Alpha Angle（$\bar{\alpha}$），分别定义如下：

$$H = -\sum_{i=1}^{3} P_i \log_3 P_i \tag{4.1}$$

$$\alpha = P_1 \alpha_1 + P_2 \alpha_2 + P_3 \alpha_3 \tag{4.2}$$

$$A = \frac{P_2 - P_3}{P_2 + P_3} \tag{4.3}$$

其中：

$$P_i = \frac{\lambda_i}{\sum_{i=1}^{3} \lambda_i} \tag{4.4}$$

平均散射角是反应地物目标散射物理机制的参量，其变化范围为 $0° \sim 90°$，当 $\bar{\alpha} = 0°$ 时，地物目标主要表现为奇次反射；当 $\bar{\alpha} = 45°$ 时，地物主要表现为体散射；当 $\bar{\alpha} = 90°$ 时，主要表现为二面角散射。熵是用来描述散射过程随机性的参量，当 $H = 0$ 时，表示散射过程对应的是完全极化状态，表现出各向同性的状态；随着 H 的增大，目标计划随机性逐步增强，当 $H = 1$ 时，散射过程呈现出完全随机状态，表现出各向异性的状态，此时无法获得目标的任何极化信息，H 从 0 到 1 变化表现出地物由完全极化到完全随机散射的变化过程。

2. 基于散射模型分解的散射特征

Freeman-Durden et al.（1998）分解方法是 1 种基于散射模型的分解方法，这种分解方法的独特之处在于，不需要任何地面实测的数据。基于散射模型的分解方法是以实际的物理散射模型为基础，对接收到的极化 SAR 数据，由单次散射（Freeman-odd）、二面角散射（Freeman-dbl）、体散射（Freeman-vol）3 种类型的散射机制建立模型进行分类处理。Yamaguchi 分解是在 Freeman 分解的基础再上加入了螺旋体散射分量（Yamaguchi-hlx）（Yamaguchi et al.，2005）。Zhang et al.（2008，2010）在 Yamaguchi 四分量分解的基础上提出了多分量散射模型（Multiple Component Scattering Model，MCSM），并增加了 1 个对城市地区更为敏感的线散射分量（MCSM-wire）。其线散射分量的散射矩阵表示为：

$$[S_w] = \begin{bmatrix} \gamma & \rho \\ \rho & 1 \end{bmatrix} \tag{4.5}$$

其中，γ 和 ρ 是 HH、HV 分别与 VV 的比值：

$$\gamma = \frac{S_{HH}}{S_{VV}} \tag{4.6}$$

$$\rho = \frac{S_{HV}}{S_{VV}} \tag{4.7}$$

所以，其协方差矩阵表示为：

$$[C_w] = \begin{bmatrix} |\gamma|^2 & \sqrt{2}\gamma\rho^* & \gamma \\ \sqrt{2}\gamma^*\rho & 2|\rho|^2 & \sqrt{2}\rho \\ \gamma^* & \sqrt{2}\rho^* & 1 \end{bmatrix} \tag{4.8}$$

根据以上不同的极化分解方法，本研究共选取了相干分解、非相干分解得到的 15 个特征作为参与河北省衡水市冀州区典型旱地作物散射机制评价的基本特征，所有特征均在 PolSARpro 软件中运行得到，最后基于不同极化分解方法得到的 15 个极化特征如表 4.1 所示。

表 4.1　全极化 SAR 数据极化分解得到的极化特征

编号	特征名称	特征意义
1	Alpha	平局散射角$\bar{\alpha}$
2	Anisotropy	反熵
3	Entropy	熵
4	Freeman-odd	Freeman 面散射分量
5	Freeman-dbl	Freeman 二次散射分量
6	Freeman-vol	Freeman 体散射分量
7	MCSM-odd	MCSM 面散射分量
8	MCSM-dbl	MCSM 二次散射分量
9	MCSM-vol	MCSM 体散射分量
10	MCSM-hlx	MCSM 螺旋体散射分量
11	MCSM-wire	MCSM 线散射分量
12	Yamaguchi-odd	Yamaguchi 面散射分量
13	Yamaguchi-dbl	Yamaguchi 二次散射分量
14	Yamaguchi-vol	Yamaguchi 体散射分量
15	Yamaguchi-hlx	Yamaguchi 螺旋体散射分量

第三节　旱地作物散射机制的定性评价

一、极化响应图

　　极化响应图是把电磁波的散射矩阵以图形的形式呈现，用以表现目标的散射特性，其能量的分布特征有利于分析目标的散射类型，为研究地物散射机制提供较为直观的定性参考。基高是极化响应图中重要的参数之一，主要表达了散射机制的复杂程度，其定义为接收到的能量的最小值与最大值之间的比值，表征接收信号中完全不被极化的能量，与极化度相关，基高越大散射机制越复杂（Zyl et al.，1987）。典型目标的极化特征及相干矩阵如表 4.2 所示。

表 4.2　典型目标的极化特征及相干矩阵

目标类型	相干矩阵	同极化	交叉极化
面散射	$\begin{bmatrix} 1 & 0 & 0 \\ 0 & 0 & 0 \\ 0 & 0 & 0 \end{bmatrix}$		
二面角	$\begin{bmatrix} 0 & 0 & 0 \\ 0 & 1 & 0 \\ 0 & 0 & 0 \end{bmatrix}$		
螺旋体	$\begin{bmatrix} 0 & 0 & 0 \\ 0 & 1/2 & 1/2j \\ 0 & -1/2j & 1/2 \end{bmatrix}$		
水平偶极子	$\begin{bmatrix} 1/2 & 1/2 & 0 \\ 1/2 & 1/2 & 0 \\ 0 & 0 & 0 \end{bmatrix}$		
方向偶极子	$\begin{bmatrix} 1/2 & 0 & 1/2 \\ 0 & 0 & 0 \\ 1/2 & 0 & 1/2 \end{bmatrix}$		

（续表）

目标类型	相干矩阵	同极化	交叉极化
垂直偶极子	$\begin{bmatrix} 1/2 & -1/2 & 0 \\ -1/2 & 1/2 & 0 \\ 0 & 0 & 0 \end{bmatrix}$		

本研究使用 2019 年连续的 5 景 RADARSAT-2 数据对衡水市冀州区的玉米和棉花绘制其生长期内的同极化、交叉极化 2 种类型的极化响应图，用于比较 2 种旱地作物在生长期散射机制的变化情况。2 种作物的极化响应图如图 4.2 和图 4.3 所示。

玉米在不同的物候期下，极化响应图基本相似，同极化响应图具有较为明显的体散射（垂直偶极子）特征，都有脊线和鞍部；交叉极化表现出较强的面散射特征。

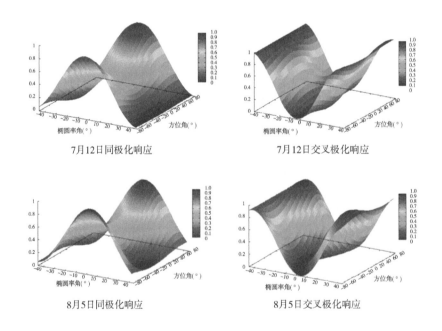

7月12日同极化响应　　　　7月12日交叉极化响应

8月5日同极化响应　　　　8月5日交叉极化响应

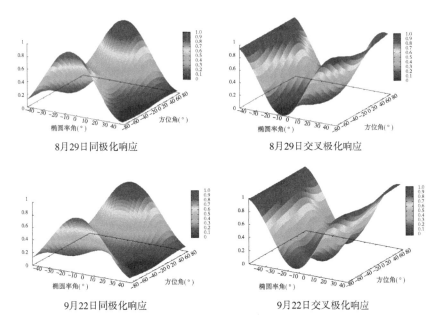

8月29日同极化响应　　　　　　　　　8月29日交叉极化响应

9月22日同极化响应　　　　　　　　　9月22日交叉极化响应

图 4.2　玉米生长周期内各时相下的极化响应

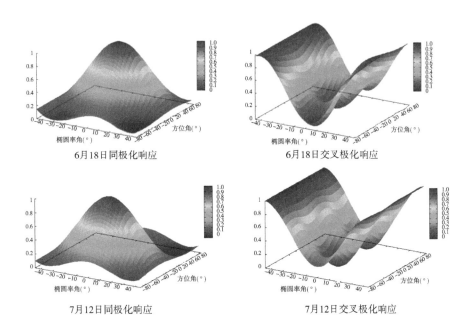

6月18日同极化响应　　　　　　　　　6月18日交叉极化响应

7月12日同极化响应　　　　　　　　　7月12日交叉极化响应

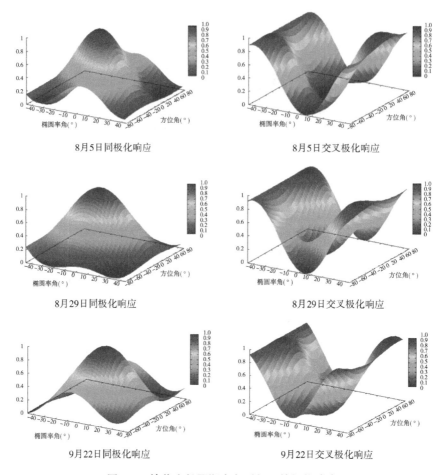

图 4.3　棉花生长周期内各时相下的极化响应

　　棉花在不同的物候期下，极化响应图也基本相似，同极化响应图具有较为明显的体散射（水平偶极子）特征、交叉极化同样表现出较强的面散射特征。

二、平均散射角和熵

　　平均散射角是反应地物目标散射物理机制的参量，其变化范围为 $0°\sim90°$，当 $\overline{\alpha}=0°$ 时，地物目标主要表现为奇次反射；当 $\overline{\alpha}=45°$ 时，地物主要表现为体散射；当$\overline{\alpha} = 90°$时，主要表现为二面角散射。熵是用来描述散射过程随机性的参量，当$H = 0$时，表示散射过程对应的是完全极化状态，表现出各向同性的状态；随着H的增大，目标计划随机性逐步增强，当$H = 1$时，散射过程呈现出完全随机状态，表现出各向异性的状态，此时无法获得目标的任何极化信息，H从0到1变化表现出地物由完全极化到完全随机散射的变化过程。

　　本研究中将研究区内所有地物的平均散射角和散射熵在不同时相上的状态进行了绘图，得到的散射情况如图4.4和图4.5所示。

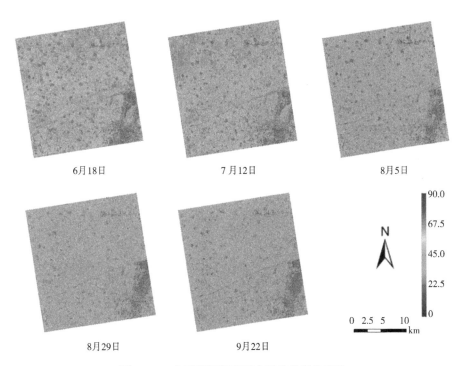

6月18日　　　　　　　7月12日　　　　　　　8月5日

8月29日　　　　　　　9月22日

图4.4　5个时相下研究区内平均散射角变化

　　从整体的平均散射角和散射熵看来，整个研究区的地物整体散射机制趋向于从简单到复杂，不同地物散射熵和平均散射角区分难度越来越大。

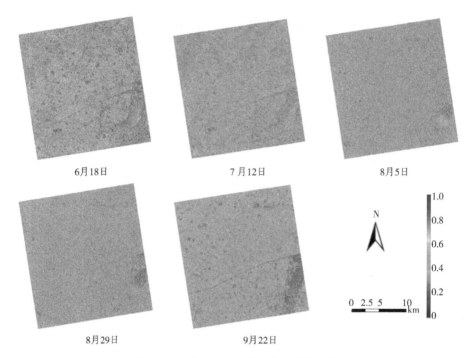

6月18日   7月12日   8月5日

8月29日   9月22日

图 4.5　5 个时相下研究区内散射熵变化

第四节　旱地作物散射机制的定量评价

　　C 波段的微波主要作用于地表植被冠层顶部，回波信号能够包含植被冠层的散射信息。基于散射模型的分解方法可以有效区分覆盖地表的不同地物类型，并且有助于确定当前的地表覆盖状态（李仲森，2013）。基于模型的分解方法还能够得到作物不同散射类型的散射功率，散射功率的大小及其随时相的变化可以作为分析作物散射机制的依据。非相干分解方法中，Cloude-Pottier 分解得到的 3 个极化特征也可以用于分析地面目标的散射机制，3 个特征中：熵（H）为散射的去极化程度，可以用来表征散射机制的复杂程度；平均散射角（$\bar{\alpha}$）的大小与散射的物理机制密切相关，决定散射的类型 [$\bar{\alpha}$ 的有效范围对应了散射机制的连续变化，从表面散射（$\overline{\alpha}=0°$）开始，变为布拉格表面散射模型，再有偶极子散射（$\overline{\alpha}=45°$）转变为 2 个散射面的二次散射，最后变为金属表面的二面角散射（$\overline{\alpha}=90°$）]；反熵（A）是与熵互补的 1 个参数，它被用来度量第 2、第 3 特征向量的相对重要程度，一般在 $H>0.7$ 时，反熵才会用于散射机制的识别。

一、典型旱地作物散射机制变化情况

对玉米 4 种类型的散射（面散射、二面角散射、体散射及螺旋体散射）功率随时相的变化进行分析，如图 4.6 所示。

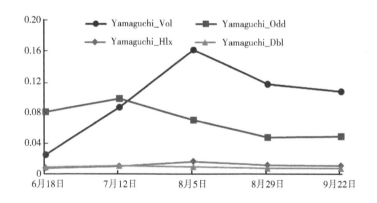

图 4.6　玉米 4 种类型散射功率变化情况

从散射功率上来看，玉米在 6 月 18 日（尚未种植或尚未出苗）面散射占主体，体散射次之；7 月 12 日（拔节期）时，体散射功率逼近面散射功率，总体呈现体散射–面散射共同作用的情况；在 8 月 5 日（抽穗期后期），体散射功率达到最高，在散射中占明显主导地位，同时也存在一定的面散射；8 月 29 日（乳熟期中期）至 9 月 22 日（成熟期早期），体散射和面散射功率均有一定下降，但体散射仍然占据主导地位。整个生长过程二面角散射和螺旋体散射功率值均较小。

根据地面实地测量的玉米株高及 LAI 变化情况（图 4.7、图4.8）可以对散射机制的变化原因进行一定的分析。

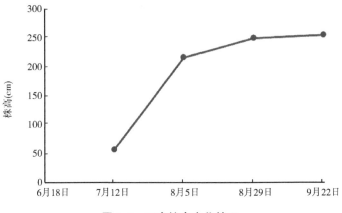

图 4.7 玉米株高变化情况

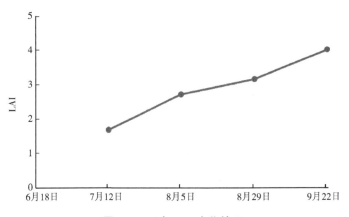

图 4.8 玉米 LAI 变化情况

玉米的 LAI 及株高在生长期处于一直增加的情况，株高增速逐渐放缓，LAI 一直处于一个较为平稳的增长状态。从整体看来，6 月 18日玉米处于尚未播种或尚未出苗时期，此时微波主要作用于地表土壤及小麦残余的秸秆，此时散射以面散射为主，同时有少量的体散射发生；早期玉米的 LAI 值与株高均处于较小的状态，微波能够穿透苗期及拔节期的玉米冠层，与地表土壤发生作用，此时主要是与土壤和玉米叶片发生面散射，以及与玉米冠层发生体散射。但随着株高的不断增加，以及玉米叶片不断变得茂盛，LAI 值越来越大，玉米冠层结构越来越复杂，微波逐渐难以穿透玉米冠层，此时体散射功率增大，面散射功率降低，散射逐渐以冠层的体散射为主，同时叶片上也发生一定量的面散射。

同理，对棉花进行相同的分析，其 4 种散射功率变化如图 4.9 所示。

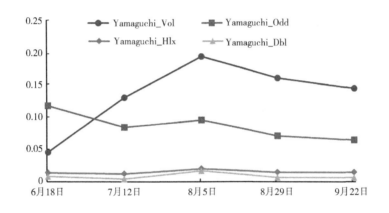

图 4.9 棉花 4 种散射类型功率变化情况

从散射功率上来看，棉花在 6 月 18 日（播种期后期）面散射占主体，体散射次之；7 月 12 日（蕾期后期）时，体散射功率超过面散射功率，总体呈现体散射-面散射共同作用的情况；在 8 月 5 日（花铃期早期），体散射功率达到最高，在散射中占明显主导地位，同时也存在一定的面散射；8 月 29 日（抽穗期后期）至 9 月 22 日（吐穗期前期），体散射和面散射功率均有一定下降，但体散射仍然占据主导地位。和玉米一样，整个生长过程二面角散射和螺旋体散射功率值均较小。

结合地面实地测量的棉花株高及 LAI 变化情况（图 4.10、图 4.11）对棉花的散射机制及其变化因素进行分析。

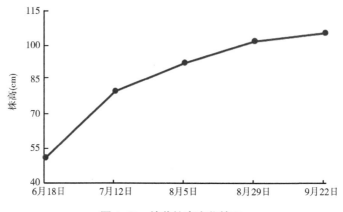

图 4.10　棉花株高变化情况

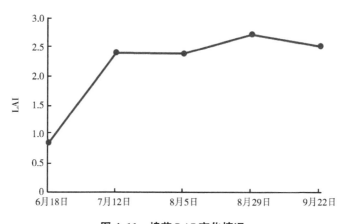

图 4.11　棉花 LAI 变化情况

棉花的株高在生长期处于一直增加的情况，株高增速逐渐放缓，LAI 在 7 月 12 日（蕾期后期）处于较为平稳的状态，在 2.5 附近波动。从整体看来，6 月 18 日棉花刚出苗，处于快速生长的时期，叶片不多，株高较低，此时微波主要作用于地表土壤、地膜及棉花冠层，此时散射以面散射为主，同时也有少量的体散射存在；中期棉花的LAI值迅速增大并处于相对稳定的状态，株高增速逐渐放缓，此时微波主要作用于叶面冠层，散射逐渐以冠层的体散射为主，同时叶片上也发生一定量的面散射。

二、不同旱地作物散射机制对比分析

散射机制的不同是基于极化 SAR 数据区分地物类型的典型依据，分析旱地作物散射机制的差异，有利于提高旱地作物的识别精度，为旱地作物种植面积及分布的快速、准确获取提供参考依据。将 2 种典型旱地作物 4 种散射功率及变化进行对比如图 4.12 所示。

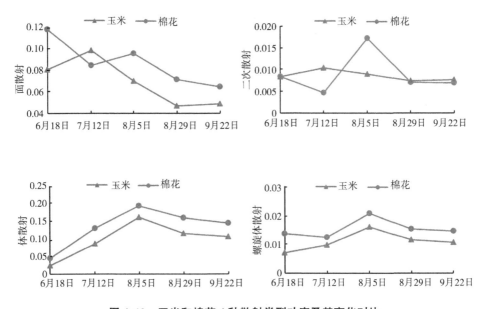

图 4.12　玉米和棉花 4 种散射类型功率及其变化对比

从面散射功率的变化情况可以发现，除去 6 月 18 日玉米尚未播种或尚未出苗这一时期，玉米的面散射功率处于逐渐降低的趋势，而棉花的面散射功率在前期有 1 个谷值，在 8 月 5 日之后出现逐渐降低的趋势；从二次散射的变化情况可以发现，玉米的二次散射功率与棉花相比处于相对稳定的状态，棉花生长周期内二次散射功率波动较为剧烈；从体散射和螺旋体散射的变化比较，棉花 2 种类型的功率在整个生长周期内均高于玉米，除去在 6 月 18 日至 7 月 12 日螺旋体散射略有不同外，2 种作物体散射和螺旋体散射功率的变化趋势也相近。

使用 Cloude-Pottier 分解得到的平均散射角（$\bar{\alpha}$）和熵（H）可以较好的对旱地作物的散射机制进行分析（图 4.13）。

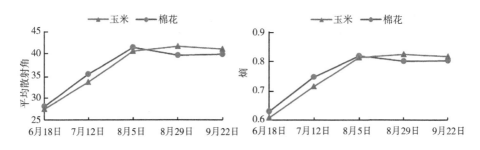

图 4.13　玉米和棉花平均散射角和熵的变化对比

2 种作物的平均散射角在 6 月 18 日从 27°左右开始增加，在 8 月 5 日之后在 40°左右趋于稳定，体现了 2 种作物的主要散射类型在生长期内有 1 个从面散射到体散射的变化过程；熵的变化趋势也是如此，生长期前期逐渐增大，中后期开始趋于稳定，体现了 2 种作物散射机制从早期到中期逐渐复杂，并在中后期趋于稳定的变化过程。

第五节　基于散射机制的旱地作物分类

本研究中提取了 5 个时相的 RADARSAT-2 共 39 类极化特征，极化特征随时相的变化是作物散射机制的体现，比较不同作物极化特征不变化差异，对选取有利于分类的极化特征可以起到参考作用，使用优选之后的极化特征进行分类，可以减少极化特征提取时长和分类时长，提高分类效率，对旱地作物的快速分类起到参考作用。

在分析不同地物体散射功率时发现，4 种地物中建筑的二面角散射功率较其他地物有明显差异，使用二面角散射功率可以较好地将建筑分离出来，4 种地物二面角散射功率变化如图 4.14 所示。

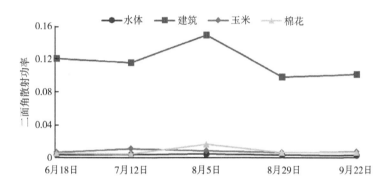

图 4.14　4 种地物二面角散射功率的变化对比

在二面角散射中玉米、棉花、水体仍然难以区分，而在体散射和面散射中，水体功率一直处于较低的状态，使用面散射和体散射功率能够很好地将水体与植被区分开，并且在体散射和面散射功率中，玉米和棉花的变化趋势不同，在面散射功率中，棉花和玉米曲线在 7 月 12 日前后分别有 1 次交叉，而在体散射功率中，玉米的体散射变化趋势和棉花基本一致，利用 2 种作物在面散射功率变化趋势的差异及体散射功率的不同可用于区分 2 种作物。4 种地物面散射功率和体散射功率变化如图 4.15 所示。

将地面调查时得到的 4 种地物各 100 个左右的感兴趣区随机选取 2/3 作为训练样本，使用 3 种类型的散射功率，结合随机森林分类器，对研究区 4 种典型地物进行分类，得到的分类结果如图 4.16 所示。

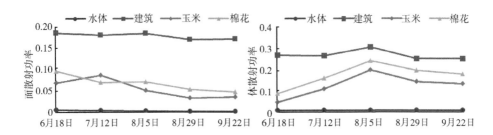

图 4.15　4 种地物面散射、体散射功率的变化对比

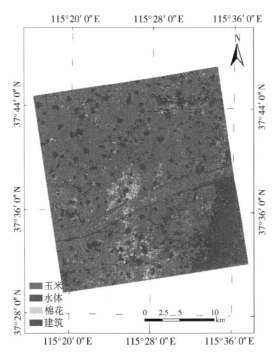

图 4.16　基于散射特征随时相变化的旱地作物分类结果

　　将剩余的 1/3 感兴趣区作为验证样本，进行混淆矩阵分析，得到的结果如表 4.3 所示。

表 4.3　基于散射特征随时相变化的旱地作物分类精度

生产者精度（%）				用户精度（%）				总体精度（%）	Kappa系数
建筑	棉花	水体	玉米	建筑	棉花	水体	玉米		
98.14	73.62	99.31	97.92	93.79	95.83	98.92	93.71	94.47	0.914 3

　　基于散射特征随时相变化的旱地作物分类结果发现：除棉花的生产精度为 73.62%，其余精度均处于较高水平，总体分类精度为94.47%，此时 Kappa 系数为 0.914 3，说明分类精度处于较高的水平，从分类结果上也可以看出，棉花集中分布于研究区中部和南部，和实际种植情况相符。结合散射特征随时相变化的特征选取思路，从不同地物的散射机制的不同来优选极化特征可以有效地提高分类精度，改善基于 SAR 数据的分类效果，可以为基于 SAR 数据的华北地区旱地作物分类提高参考。

第六节　本 章 小 结

　　本章通过绘制极化响应图和比较散射功率与散射特征随时相的变化，对玉米和棉花旱地作物的散射机制及其变化进行了分析。

　　从定性的角度分析得到：玉米和棉花在生长期内极化响应图并没有发生明显的变化。2 种作物在同极化响应图中均表现出明显的体散射特征，在交叉极化响应图中均表现出明显的面散射特征，两者不同之处体现在同极化响应图中，玉米表现出的是垂直偶极子特征，棉花表现出水平偶极子特征。

　　从定量的角度分析得到：在整个生长周期内 2 种作物螺旋体散射和二次散射功率均较低，体散射与面散射功率占据了主导地位。在作物生长前期，微波主要作用于地表土壤及叶片表面，接收到的回波以面散射为主，在与作物冠层作用后，回波信号也包含了一定量的体散射。随着作物株高越大、叶片越茂盛，微波越难穿透植被冠层，主要发生体散射，同时在叶片表面也存在一定的面散射，并且后期主要的2 种散射类型（体散射、面散射）总体呈下降趋势。从平均散射角和熵也可以发现 2 种作物主要散射机制由面散射往体散射变化的过程，散射机制也逐渐变得复杂。

根据不同地物二面角散射、体散射、面散射功率的差异和变化趋势的不同，选取这 3 种极化特征对研究区 4 种典型地物的总体分类精度可以达到 94.47%，Kappa 系数为 0.914 3，能够满足实际应用需求，为旱地作物的分类特征选取提供参考。

总体而言，从定量和定性 2 个角度出发得出结论，2 种作物都呈现出以体散射和面散射为主，在生长过程中主要散射类型由面散射往体散射变化的散射机制。

第五章　基于紧致极化和伪全极化
SAR 的农作物分类

第一节　绪　　论

目前的极化 SAR 图像条带宽度（RADARSAT-2 全极化数据的幅宽可达 50 km）相对于实际应用来说还是偏小。这种图像在大规模区分作物类型上能力有限。具有紧致极化模式的 SAR 系统是雷达遥感领域的重大进步（Raney，2007）。紧致极化合成孔径雷达系统的主要优点是：比标准的双极化模式具有更大的信息量，与四极化模式相比，可以覆盖更大的宽度（图像幅宽可达 350 km，分辨率为 50 m）（Dabboor et al.，2014）。紧致极化 SAR 有 2 个主要的应用方向：一是直接利用紧致极化 SAR 数据；二是利用紧致极化 SAR 重建全极化信息（即伪全极化），然后利用伪全极化数据实现表面特征的分类和识别。目前，2012 年 4 月在印度上空发射的 RISAT-1 SAR 卫星已经集成了紧致极化模式，未来的 RADARSAT 星座任务中也会增加这一观测模式（Salberg et al.，2014）。预计紧致极化 SAR 将在未来的农业遥感中得到更广泛的应用。

在作物分类中，国内外已有许多学者针对紧致极化 SAR 数据的应用做了一些工作。在 Yang et al.（2016）的文章中，通过分析处在生长季节的 2 种类型的稻田在紧致极化 SAR 图像上表现的特点（散射机制方面），以 94% 和 86% 的准确率对其进行了区分。Ainsworth et al.（2009）研究了基于双极化模式、紧致极化模式和紧致极化模式散射模型扩展的地物分类结果及其相互比较。Ballester-Berman et al. (2012) 分析了农作物紧致极化特征参数在时间序列上的响应特征。Lopez-Sanchez et al. (2014) 分析了 C 波段水稻田的紧致极化特征，并进行了水稻物候期的反演工作。Xie et al. (2015) 利用全极化、双极化和紧致极化的 SAR 数据，提出了中国南方作物分类的统一框架体系。Charbonneau et al. (2010) 概述了紧致极化 SAR 的理论体系、评估方法和初步进展，及其应用于土壤水分估算、作物监测、船舶检测和海冰分类方面的效能。

在作物分类中，紧致型极化雷达数据的应用相对较少。本章的重点是对旱地作物分类研究中 3 种数据格式的效果进行系统评价和详细比较。主要对不同数据类型（即紧致极化合成孔径雷达数据、基于紧致极化数据重构得到的伪全极化数据和真实全极化合成孔径雷达数据）的分类性能进行了评估。

第二节 研 究 方 法

一、研究区与技术路线

本章的研究区位于河北省深州市（37°42′39″~38°11′09″N，115°20′41″~115°49′02″E），所用到的雷达数据为 2012 年 9 月 24 日的 C 波段的 RADARSAT-2。研究比较了紧致极化、伪全极化和全极化数据 3 种不同的数据格式用于旱地作物类型分类的效能。将研究区的土地覆盖类型归结为 4 类：玉米、棉花、建筑用地和水体，并于 2012 年 9 月利用差分 GPS 实地采集了玉米、棉花的样方边界和地理位置坐标数据并详细记录了其覆盖类型。为减少工作量且考虑到建筑物和水体随时间变动较小，研究获取了同时期的 GF-1 光学数据，通过多光谱和全色图像的融合得到了 2m 分辨率的影像，建筑用地和水体样方的选取利用资源三号光学数据作为辅助。研究中针对每种地物类别共选择了 100 个典型地物样本，其中 70 个为训练样本，30 个为验证样本，样本的大小在 50 m×50 m。用到的主要分类算法为最大似然分类法。图 5.1 给出了研究区的空间位置和地面采样点空间分布。图 5.2 给出了本研究的总体技术路线。

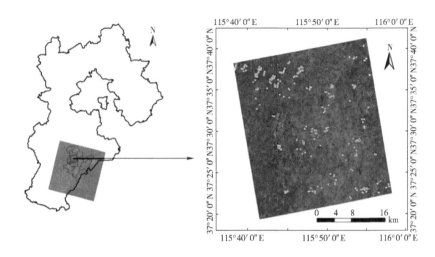

图 5.1　研究区地理位置与地面采样点空间分布

注：图中黄色点为分类样本的地面采样点。

二、紧致极化分解原理

本研究中所涉及的紧致极化分解的主要原理如下。

极化分解是提取和分析合成孔径雷达极化特性最有效的方法。2007 年，Raney 提出了用于紧凑型 SAR 数据的极化目标分解方法（即 m-delta 分解）。该分解方法基于斯托克斯矢量和从斯托克斯矢量导出的 4 个新参数 $S = [S_1, S_2, S_3, S_4]^T$。在从斯托克斯矢量中获得 4 个参数后，利用第 1 项（S_1）的 3 个参数和斯托克斯矢量的相位差（δ）和极化度（m），构造了 m-δ 分解的 3 个分量：

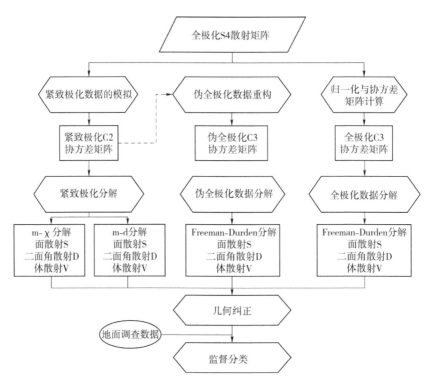

图 5.2 本研究总体技术路线

$$F_{odd(m\text{-}\delta)} = \sqrt{s_1 m \frac{1+\sin(\delta)}{2}} \tag{5.1}$$

$$F_{even(m\text{-}\delta)} = \sqrt{s_1 m \frac{1-\sin(\delta)}{2}} \tag{5.2}$$

$$F_{volume(m\text{-}\delta)} = \sqrt{s_1(1-m)} \tag{5.3}$$

这 3 个参数与散射机理密切相关，分别用于表征二次散射、体积散射和表面散射。

$$m = \sqrt{\frac{S_2^2 + S_3^2 + S_4^2}{S_1}} \tag{5.4}$$

$$\delta = \tan^{-1}\left(\frac{S_4}{S_3}\right) \tag{5.5}$$

式中，极化度 m 表示接收到的电磁波的极化特征，δ 表示 RH 和 RV 通道之间的相对相位差。在提出 m-delta 分解方法之后，Raney 等人通过月球陨石坑研究进一步提出了基于 m-δ 分解方法的 m-chi 分解方法，将总后向散射分解为 3 个分量：

$$F_{odd(m\text{-}\chi)} = \sqrt{s_1 m \frac{1+\sin(2\chi)}{2}} \tag{5.6}$$

$$F_{even(m\text{-}\chi)} = \sqrt{s_1 m \frac{1-\sin(2\chi)}{2}} \tag{5.7}$$

$$F_{volume(m\text{-}\chi)} = \sqrt{s_1(1-m)} \tag{5.8}$$

其中椭圆率 χ 表示散射电磁波的极化状态。根据斯托克斯矢量，可通过以下公式计算：

$$\sin(2\chi) = -\frac{S_4}{mS_1} \tag{5.9}$$

由 m-chi 分解得到的 3 个分量分别与二次散射、体积和表面散射的物理过程有关（Raney et al.，2012a；Raney et al.，2012b）。

三、伪全极化数据重构

传统的极化分解方法是基于 3×3 阶协方差矩阵或相干矩阵。因此，要将这些极化分解方法应用到紧致极化合成孔径雷达数据中，需要基于对称假设将 2×2 阶协方差矩阵扩展为 3×3 阶矩阵。通过这种转换，可以将合成孔径雷达数据分解方法和全极化合成孔径雷达分析方法应用于紧致极化合成孔径雷达数据处理。

将 2×2 的紧致极化协方差矩阵重构为 3×3 的全极化协方差矩阵是将紧致极化重构为全极化数据的主要任务。直观地说，这一重建过程是通过使用从紧致极化 SAR 数据中获得的 3 个观测值来重建所有 6 个参数；因此，这是 1 个欠定问题，仍然需要其他约束条件的支持。第 1

个约束条件是反射对称假设（Souyris et al.，2005）。这一假设表明，在空间平均后，共极化和交叉极化项等于 0，即，$|S_{HH}S_{HV}^*|$ = $|S_{VV}S_{HV}^*|$ = 0。这可以简化 FP 协方差矩阵的形式，使重构参数的数目从 6 个减少到 4 个。然而，这个方程仍然没有定解。因此，为了重构全极化协方差矩阵，仍然需要 1 个约束条件。目前，使用的主要约束条件是共极化和交叉极化之间的假设关系（Nord et al.，2009）。为了获得完全极化的后向散射波，通常观测到的交叉极化能量处于极低水平 $|S_{HV}|^2 \approx 0$。同时，$|\rho_{H\text{-}V}| \approx 1$。对于完全去极化的后向散射波，接收天线所收集的平均功率不依赖于其极化状态。换言之，在这种情况下，直接的结果是 $|\rho_{H\text{-}V}| = 0$ 和 $|S_{HH}|^2 \approx |S_{VV}|^2 \approx 2|S_{HV}|^2$。在这 2 个限制条件下，可以导出以下关系（Souyris et al.，2005）。

$$\frac{|S_{HV}|^2}{|S_{HH}|^2+|S_{VV}|^2} \approx \frac{1-\rho_{H\text{-}V}}{N} \tag{5.10}$$

式中，$\rho_{H\text{-}V}$ 是共极化相关系数，参数 N 是要确定的系数。

Souyris 重建方法。Souyris et al.（2005）将 N 设置为 4，并设计了 1 种迭代搜索方法，以获得交叉极化功率 $|S_{HV}|$。然而，在迭代过程中，共极化相关系数可能大于 1 或有 1 个无效的解。在这种情况下，迭代停止并设置 $\rho_{H\text{-}V} = 1$ 和 $S_{HV} = 0$。最后，它产生由 4 个方程和 4 个未知数组成的非线性方程组，可以通过迭代方法进行数值求解。

Nord 重建法。Nord et al.（2009）研究表明，Souyris 的重建方法适用于森林或植被密集地区。然而，对于以表面散射或均匀散射为主的表面类型（如海冰和海面），该方程不能满足条件（即 N 等于 4）。因此，Nord et al. 提出了用 Souyris 算法更新参数 N 的方法，首先得到伪全极化结果，然后用以下公式计算式（5.10）中 N 的值。

$$N = \frac{|S_{HH}\text{-}S_{VV}|^2}{|S_{HV}|^2} \tag{5.11}$$

更新后的值使得等式（5.10）更容易成立，并且可以获得更好的重建结果。本研究采用 Nord 重建法，从紧致极化数据中重建伪全极化数据（图 5.3）。

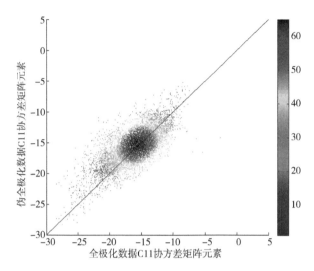

图 5.3　伪全极化数据 C11 协方差矩阵元素（从紧致极化 SAR 图像导出）
与全极化数据 C11 协方差矩阵元素比较

图 5.4 为基于不同数据格式数据集极化分解分量的 RGB 合成结果，

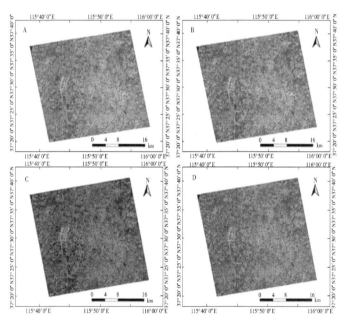

图 5.4　不同数据格式数据集极化分解分量的 RGB 合成结果

A 为 m-delta 分解方法，B 为 m-chi 分解方法，C 为伪全极化数据 Freeman 分解方法，D 为全极化数据 Freeman 分解方法。

第三节　不同格式极化 SAR 数据的农作物分类结果比较

　　为了筛选适合农作物分类的极化 SAR 数据格式，表 5.1 列出了不同数据格式数据集的典型地物分类结果（总体、制图与用户精度及 Kappa 系数）。从表中可以看出，3 种数据格式中，无论使用何种目标分解方法，利用全极化 SAR 数据进行研究区农作物分类的精度最高，其次是伪全极化 SAR 数据，利用紧致极化 SAR 数据进行农作物分类的精度最低。各格式数据分类结果的 Kappa 系数也表现出同样的变化趋势，即全极化 SAR 数据分类结果的 Kappa 系数最高，其次按由大到小顺序依次为伪全极化和紧致极化 SAR 数据。

表 5.1　不同数据格式数据集的典型地物分类结果

分解方法	地表类型	制图精度（%）	用户精度（%）	总体精度（%）	Kappa 系数
紧致极化 SAR（m-delta）	玉米	87.48	84.08	90.04	0.827 1
	棉花	89.91	92.84		
	建筑物	91.39	78.82		
	水体	99.16	98.44		
紧致极化 SAR（m-chi）	玉米	87.24	84.01	90.00	0.826 2
	棉花	90.04	92.62		
	建筑物	90.92	80.85		
	水体	99.01	98.67		
伪全极化	玉米	90.01	88.88	92.10	0.863 8
	棉花	92.06	95.61		
	建筑物	96.04	71.14		
	水体	98.24	91.26		

（续表）

分解方法	地表类型	制图精度 （%）	用户精度 （%）	总体精度 （%）	Kappa 系数
全极化	玉米	90.40	88.34	92.97	0.877 5
	棉花	92.95	94.86		
	建筑物	99.88	88.64		
	水体	99.62	99.09		

图 5.5 给出了不同格式极化 SAR 数据下，采用极化目标分解法提取特征，使用最大似然法获取的研究区农作物分类。图中 A 为紧致极化 SAR 数据 m-delta 目标分解方法，B 为紧致极化 SAR 数据 m-chi 目标分解方法，C 为伪全极化 SAR 数据 Freeman-Durden 目标分解方法，D 为全极化 SAR 数据 Freeman-Durden 目标分解方法。

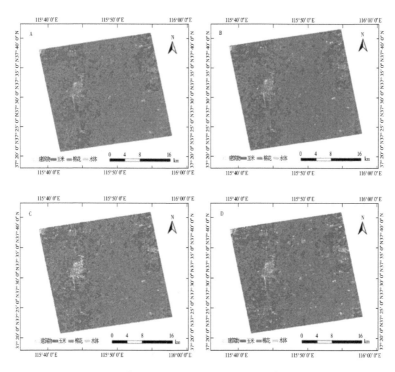

图 5.5　不同格式极化 SAR 数据下研究区典型地物分类

第四节 本 章 小 结

本章主要对不同数据类型（紧致极化 SAR 数据、伪全极化 SAR 数据和全极化 SAR 数据）的旱地作物分类性能进行了评价，利用极化 RADARSAT-2 数据模拟了紧致极化图像，利用 Nord 重建方法从紧凑极化 SAR 数据重建了伪全极化 SAR 数据。结果表明全极化图像的分类精度优于伪全极化，而紧致极化数据的分类精度最低。

第六章　基于 TerraSAR-X 和 RADARSAT-2 数据的农用地膜提取

第一节　绪　　论

农田覆膜可有效减少土壤水分的蒸发，提高水资源的利用效率，近年来覆膜农田成为一种重要的农业景观。准确掌握地膜农田时空分布格局、分布面积及其变化特征，对农业物资管理和农业研究具有重要意义，是发展优质、持续农业，保护农业生态环境的需要。本章选取河北省衡水市冀州区为研究区，利用 TerraSAR-X SAR 数据（数据获取时间为 2018 年 5 月 17 日）和 RADARSAT-2 数据（数据获取时间为 2018 年 5 月 3 日）进行研究区农用地膜提取研究，对比了 TerrSAR-X 和 RADARSAT-2 数据在地膜和其他农业用地分类中的效果。

第二节　研　究　方　法

一、技　术　路　线

本研究的技术路线如图 6.1 所示。将研究区的土地覆盖类型归纳为 5 类：地膜覆盖农田、小麦、裸土、建筑用地和水体，并于 2018 年 4 月利用差分 GPS 实地采集了地膜覆盖农田、小麦、裸土的样方边界和地理位置坐标数据并详细记录了其覆盖类型。为减少工作量且考虑到建筑物和水体随时间变动较小，研究获取了同时期的 GF-1 光学数据，通过多光谱和全色图像的融合得到了 2 m 分辨率的影像，建筑用地和水体样方的选取利用光学数据作为辅助。研究中针对每种地物类型共选择了 100 个典型地物样本，其中 70 个为训练样本，30 个为验证样本，样本的大小在 50 m×50 m。图 6.2 给出了研究区不同地物类型样点的空间分布情况。

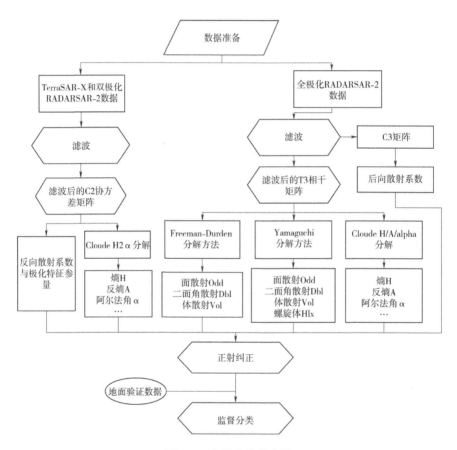

图 6.1   本研究技术路线

图 6.2　研究区不同地物类型样点的空间分布

注：图中绿色样点为冬小麦，红色为建筑，黄色为裸地，白色为农用地膜，蓝色为水体。

二、特　征　提　取

本研究采用 3 种数据（TerraSAR-X 和 RADARSAT-2 双极化、全极化）、5 种方法（后向散射系数、Cloude H2α、Freeman-Durden、Yamaguchi、Cloude H/A/alpha）进行研究区农用地膜及其他典型地物类型分类特征提取。表 6.1 和表 6.2 分别列出了利用 TerraSAR-X 和双极化 RADARSAT-2 数据及全极化 RADARSAT-2 数据提取的特征参数。

表 6.1　利用 TerraSAR-X 和双极化 RADARSAT-2 数据提取的 26 个特征参数

参数名称	缩写	编号
H-A-组合 1	HA	1
H-A-组合 2	H1mA	2
H-A-组合 3	1mHA	3
H-A-组合 4	1mH1mA	4

（续表）

参数名称	缩写	编号
概率 2	P2	5
概率 1	P1	6
特征值	lambda	7
第二特征值	l2	8
第一特征值	l1	9
香农熵	SE_{dual}	10
熵	H_{dual}	11
代尔塔散射角	delta	12
第二代尔塔散射角	delta2	13
第一代尔塔散射角	delta1	14
反熵	A_{dual}	15
阿尔法散射角	alpha	16
第二阿尔法角	alpha2	17
第一阿尔发角	alpha1	18
相干系数的模	$\mid \gamma_{HHVV} \mid$	19
VV 极化后向散射系数	σ_{VV}	20
HH、VV 通道角度差	$\angle (S_{VV}S_{HH}^*)$	21
$(S_{HH}S_{VV}^*)$ 的幅度	$\mid (S_{VV}S_{HH}^*) \mid$	22
HH 极化后向散射系数	σ_{HH}	23
HH/VV 后向散射系数	$\sigma_{HH/VV}$	24
HH 与 VV 极化后向散射系数的差	σ_{HH-VV}	25
HH 与 VV 极化后向散射系数的和	σ_{HH+VV}	26

表 6.2　利用全极化 RADARSAT-2 数据提取的 25 个特征参数

参数名称	缩写	编号
Yamaguchi_体散射	Y_vol	1
Yamaguchi_面散射	Y_odd	2
Yamaguchi_螺旋体散射	Y_hlx	3
Yamaguchi_二面角散射	Y_dbl	4
概率 3	P3	5
概率 2	P2	6
概率 1	P1	7

（续表）

参数名称	缩写	编号
特征值	lambda	8
第三特征值	l3	9
第二特征值	l2	10
第一特征值	l1	11
伽马系数	gamma	12
香农熵	SE_{full}	13
熵	H_{full}	14
二次散射特征差异度	derd	15
代尔塔角	delta	16
贝塔角	beta	17
反熵	A_{full}	18
阿尔法角	alpha	19
Freeman_体散射	F_vol	20
Freeman_面散射	F_odd	21
Freeman_二面角散射	F_dbl	22
HV 极化后向散射系数	σ_{HV}	23
VV 极化后向散射系数	σ_{VV}	24
HH 极化后向散射系数	σ_{HH}	25

三、分 类 算 法

本研究采用随机森林算法对 PMF 及其他土地利用类型进行分类。随机森林法是美国科学家 LeoBreiman 于 2001 年提出的组合分类器算法。该算法以多个决策树为基本分类器，通过对每个决策树的分类结果进行简单的投票，确定随机森林输出的分类结果（Gislason et al.，2006）。

随机森林算法在分类上有很多优点：在处理大数据集方面比其他算法有很大的优势；可以处理大量的输入变量；不容易过度拟合，并且在训练高维数据时运行时间更短。随机森林已广泛应用于遥感分类。预先设置了 2 个参数，即树的数目和变量的数目。本研究设定了 100 棵树的总数和输入特征数的平方根。生成树后，比较其输入的不同分类结果，并将最受欢迎的分类（"多数票"）指定为分类输出。随机森林算法的另一个优点是可以评估分类中每个分类参数（变量）的重要性（Gislason et al., 2006; Rodriguez Galiano et al., 2012）。变量的重要性通常是由于分类精度的平均下降而得出的。此外，本研究中利用随机森林算法定量评价了不同极化参数对分类结果的重要性。

第三节 不同类型极化 SAR 数据农用
地膜分类结果比较

为了比较各种极化 SAR 数据进行农用地膜分类精度，表 6.3 列出了利用 3 种极化 SAR 数据、5 种特征提取方法进行研究区典型地物分类的结果。从表中可以看出利用 TerraSAR-X 和 RADARSAT-2 双极化、全极化 3 种极化 SAR 数据类型，农用地膜（Plastic-Mulched Farmland, PMF）和其他土地利用类型的总体分类精度均高于 90%。不同数据类型的分类结果表明，全极化数据具有最高的分类精度。TerraSAR-X 和双极化的 RADARSAT-2 在总体精度和 Kappa 系数上几乎具有相同的数值。图 6.3、图 6.4 和图 6.5 分别给出了利用 3 种极化 SAR 数据提取的研究区典型地物分类。

表 6.3 3 种极化 SAR 数据下研究区典型地物分类结果

雷达数据	地表覆盖类型	制图精度（%）	用户精度（%）	总体精度（%）	Kappa 系数
	地膜	53.28	64.92		
	裸土	59.48	59.82		
TerraSAR-X	小麦	93.34	88.44	90.15	0.846 4
	建筑物	88.27	85.63		
	水体	99.20	99.38		

（续表）

雷达数据	地表覆盖类型	制图精度（%）	用户精度（%）	总体精度（%）	Kappa 系数
双极化 RADARSAT-2	地膜	59.56	56.85		
	裸土	57.10	55.98		
	小麦	91.78	98.81	90.71	0.854 5
	建筑物	93.79	92.80		
	水体	98.81	97.82		
全极化 RADARSAT-2	地膜	72.56	70.01		
	裸土	75.90	74.51		
	小麦	94.15	98.19	94.81	0.918 9
	建筑物	98.07	96.26		
	水体	99.93	99.86		

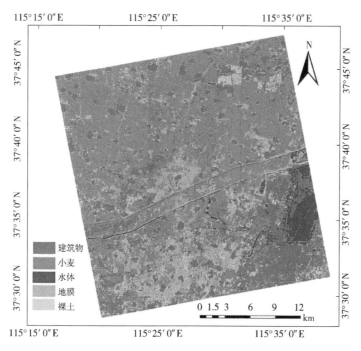

图 6.3 双极化 RADARSAT-2 数据的分类结果

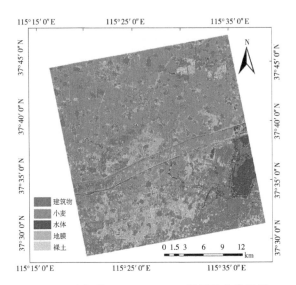

图 6.4　全极化 RADARSAT-2 数据的分类结果

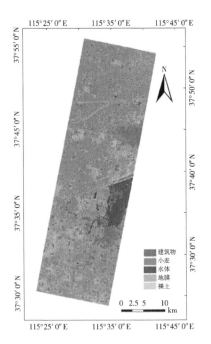

图 6.5　TerraSAR-X 数据的分类结果

第四节　分类特征重要性评价

利用极化目标分解方法可以提取多个用于地膜分类的特征参数。然而，究竟利用何种特征参数才能获得较高分类精度尚不明确。本研究利用随机森林算法对各种特征参数对典型地物分类的重要性进行了定量评价。图 6.6、图 6.7 和图 6.8 分别给出了 3 种极化 SAR 数据下各种特征参数对分类重要性的排序图。从图中可以看出，无论哪种极化 SAR 数据，香农熵（Shannon Entropy）对分类的重要性最大。这说明利用极化 SAR 数据进行农用地膜分类时，要想获得较大的分类精度，必须使用极化分解中 Cloude 分解提取的香农熵这一特征参数。

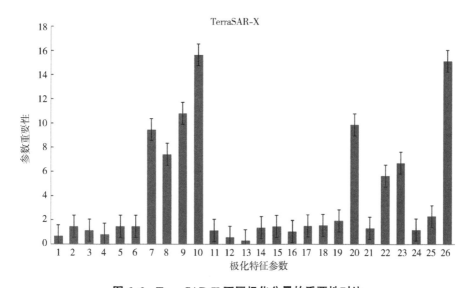

图 6.6　TerraSAR-X 不同极化分量的重要性对比

注：图中横坐标下的特征参数编号与表 6.1 中的编号一一对应。

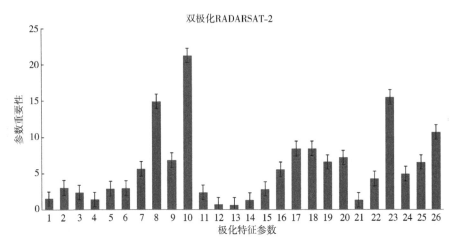

图 6.7　双极化的 RADARSAT-2 不同极化分量的重要性对比

注：图中横坐标下的特征参数编号与表 6.1 中的编号一一对应。

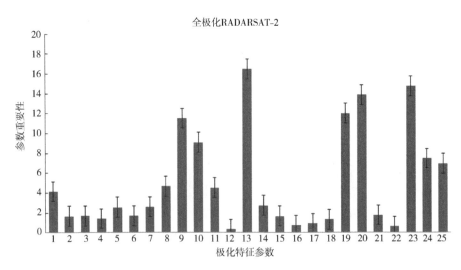

图 6.8　全极化的 RADARSAT-2 不同极化分量的重要性对比

注：图中横坐标下的特征参数编号与表 6.2 中的编号一一对应。

第五节　本 章 小 结

本章主要使用 TerraSAR-X 和 RADARSAT-2 双极化、全极化 3 种极化 SAR 数据类型进行农用地膜分类研究，比较了各种类型数据的地膜分类精度，指出了香农熵是极化 SAR 数据农用地膜分类的最为重要的特征参数。

第七章　多波段极化 SAR 数据的旱地作物分类

第一节　绪　论

农业信息对一个国家的地球资源管理具有重要意义。及时准确地监测农作物在空间上的分布是农业信息监测的基础。作物的种类结构和分布特征对农业结构调整也具有重要意义。传统的农作物种植面积的统计方式存在耗时、耗力、耗财等缺陷，很难及时准确地获取大区域农作物的种植面积、结构及空间分布信息。随着空间技术的不断发展，遥感由于具有大面积宏观观测的特点，可以快速及时地获取较大范围的地物信息，在农业资源监测中具有不可替代的作用。

合成孔径雷达由于其具有全天时、全天候监测地表信息的能力，在作物遥感监测方面具有广泛的应用需求。在国内外利用雷达遥感技术在水稻种植面积及长势监测方面开展了大量研究工作，在进行秋收旱地作物监测时，由于在作物生长关键时期云雨天气比较频繁，很难获得足量、有效的光学遥感数据，经常不能满足监测的需求。针对这一问题和需求，本章选取河北省衡水市冀州区为研究区，利用 3 种波段（L、C、X）极化 SAR 数据进行旱地秋收作物分类研究。

第二节　研　究　方　法

一、技　术　路　线

本研究具体使用 TerraSAR-X SAR 数据（数据获取时间为 2018 年 9 月 4 日），RADARSAT-2 数据（数据获取时间为 2018 年 9 月 24 日）和 ALOS-2 数据（数据获取时间为 2018 年 9 月 18 日）3 种波段的极化 SAR 数据进行旱地秋收作物分类研究。将研究区的土地覆盖类型归结为 4 类：玉米、棉花、建筑用地和水体，并于 2018 年 7—8 月利用差分 GPS 实地采集了玉米、棉花的样方边界和地理位置坐标数据并详细记录了其覆盖类型。为减少工作量且考虑到建筑物和水体随时间变动较小，研究获取了同时期的 GF-1 光学数据，通过多光谱和全色图像的融合得到了 2 m 分辨率的影像，建筑用地和水体样方的选取利用光学数据作为辅助。研究中针对每种地物类别共选择了 100 个典型地物样本，其中 70 个为训练样本，30 个为验证样本，样本的大小在 50 m× 50 m。图 7.1 给出了研究区地面样点空间分布。

所用到随机森林算法的参数设置如下：预先设置了 2 个参数，即树的数目和变量的数目。本研究设定了 100 棵树的总数。生成树后，比较其输入的不同分类结果，并将最受欢迎的分类（"多数票"）指定为分类输出。随机森林算法的另一个优点是可以评估分类中每个分类参数（变量）的重要性（Hasituya et al.，2016；Yang et al.，2017）。图 7.1 中绿色点为玉米、红色点为建筑、浅绿色点为棉花、蓝色点为水体，图 7.2 给出了本研究的技术路线。

二、特　征　提　取

针对 3 种波段的极化 SAR 数据，本研究分别采用 Cloude H/A/ alpha 分解、Freeman-Durden 分解、Yamaguchi 分解及协方差矩阵 C3 提

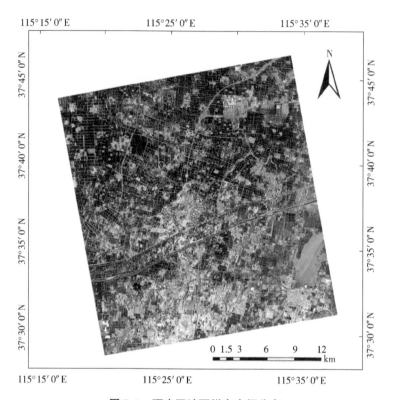

图 7.1　研究区地面样点空间分布

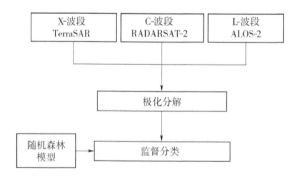

图 7.2　本研究的技术路线

取各种极化分解参数和后向散射系数作为旱地作物分类特征。表 7.1
列出了利用 ALOS-2 和 RADARSAT-2 全极化 SAR 数据提取的 25 个极化
特征参数。表 7.2 列出了利用 TerraSAR-X 双极化 SAR 数据提取的 26
个极化特征参数。

表 7.1　ALOS-2 和 RADARSAT-2 全极化 SAR 数据提取的 25 个极化参数及其编号

参数名称	缩写	编号
Yamaguchi_ 体散射	Y_vol	1
Yamaguchi_ 面散射	Y_odd	2
Yamaguchi_ 二面角散射	Y_dbl	3
单次散射特征差异度	Sred	4
雷达植被指数	rvi	5
概率 3	P3	6
概率 2	P2	7
概率 1	P1	8
特征值	l1	9
第三特征值	l3	10
第二特征值	l2	11
第一特征值	l1	12
Freeman_ 体散射	F_vol	13
Feeman_ 面散射	F_odd	14
Freeman_ 二面角散射	F_dbl	15
香农熵	entropy_shannon	16
熵	entropy	17
二次散射特征差异度	derd	18
反熵	A	19
Ro23 的模	$2\mid(S_{VV}S_{HV}^{*})\mid$	20
Ro13 的模	$\mid(S_{VV}S_{HH}^{*})\mid$	21
Ro12 的模	$2\mid(S_{HH}S_{HV}^{*})\mid$	22
HH 极化后向散射系数	σ_{HH}	23
VV 极化后向散射系数	σ_{VV}	24
HV 极化后向散射系数	σ_{HV}	25

表 7.2 **TerraSAR-X 双极化 SAR 数据提取的 26 个极化参数及其编号**

参数名称	缩写	编号
H-A-组合 1	HA	1
H-A-组合 2	H1mA	2
H-A-组合 3	1mHA	3
H-A-组合 4	1mH1mA	4
概率 2	P2	5
概率 1	P1	6
特征值	lambda	7
第二特征值	l2	8
第一特征值	l1	9
香农熵	SE_{dual}	10
熵	H_{dual}	11
代尔塔散射角	delta	12
第二代尔塔散射角	delta2	13
第一代尔塔散射角	delta1	14
反熵	A_{dual}	15
阿尔法散射角	alpha	16
第二阿尔法角	alpha2	17
第一阿尔法角	alpha1	18
相干系数的模	$\lvert \gamma_{HHVV} \rvert$	19
VV 极化后向散射系数	σ_{VV}	20
HHVV 通道的角度差	$\angle(S_{VV}S_{HH}^{*})$	21
$(S_{HH}S_{VV}^{*})$ 的幅度	$\lvert(S_{VV}S_{HH}^{*})\rvert$	22
HH 极化后向散射系数	σ_{HH}	23
HH/VV 后向散射系数	$\sigma_{HH/VV}$	24
HH 与 VV 极化后向散射系数的差	σ_{HH-VV}	25
HH 与 VV 极化后向散射系数的和	σ_{HH+VV}	26

第三节　不同波段极化 SAR 数据的旱地
作物分类精度比较

利用不同波段的极化 SAR 数据进行旱地作物分类的结果不尽相同。为了筛选适合旱地作物分类的极化 SAR 波段，表 7.3 列出了基于 3 种波段极化 SAR 数据的研究区典型地物分类结果，包括总体精度、制图精度、用户精度及 Kappa 系数。从表 7.3 可以看出利用 X 波段 RADARSAT-2、C 波段 RADARSAT-2 和 L 波段 ALOS-2 这 3 种极化 SAR 数据进行研究区典型地物分类的总体精度都在80%以上，X 波段 Terra-SAR-X 和 C 波段 RADARSAT-2 比 L 波段的 ALOS-2 数据具有更高的总体分类精度，这说明 L 波段 ALOS-2 极化 SAR 数据在棉花和玉米的分类中效果一般。利用 X 波段双极化 TerraSAR-X 数据进行典型地物分类时，总体精度可达到84%以上，优于其他 2 种波段极化 SAR 数据的分类精度。图 7.3、图 7.4 和图 7.5 分别给出了基于 3 种波段极化 SAR 数据的研究区典型地物分类。

表 7.3　3 种不同波段雷达数据的分类精度统计

雷达数据	地表覆盖类型	制图精度（%）	用户精度（%）	总体精度（%）	Kappa 系数
TerraSAR-X	建筑物	74.66	81.53	84.13	0.737 0
	水体	99.36	99.97		
	棉花	70.44	75.41		
	玉米	88.62	84.00		
双极化 AlOS-2	建筑物	72.20	83.98	80.14	0.658 7
	水体	95.75	96.01		
	棉花	24.04	56.52		
	玉米	90.85	77.77		
全极化 RADARSAT-2	建筑物	70.00	76.64	82.56	0.711 4
	水体	93.33	99.50		
	棉花	70.63	72.77		
	玉米	89.22	84.11		

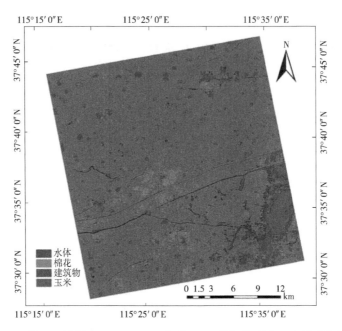

图 7.3 基于 C 波段 RADARSAT-2 极化 SAR 数据的研究区典型地物分类

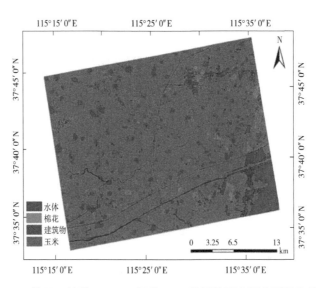

图 7.4 基于 L 波段 ALOS-2 极化 SAR 数据的研究区典型地物分类

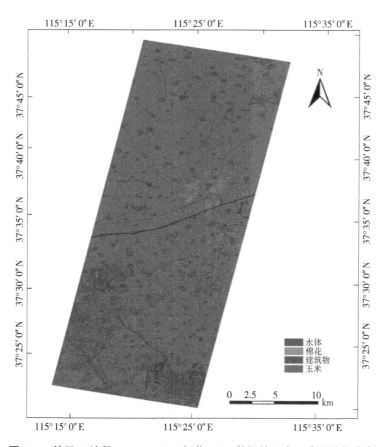

图 7.5　基于 X 波段 TerraSAR-X 极化 SAR 数据的研究区典型地物分类

第四节　本 章 小 结

本章主要使用 3 种波段的极化 SAR 数据（X 波段 RADARSAT-2、C 波段 RADARSAT-2 和 L 波段 ALOS-2）进行旱地作物（玉米和棉花）分类研究，比较了各波段极化 SAR 数据的旱地作物分类精度。相比于 C 波段 RADARSAT-2 和 L 波段 ALOS-2 极化 SAR 数据，利用 X 波段 TerraSAR-X 双极化 SAR 数据进行旱地作物分类的精度最高。

第八章 基于 GF-3 卫星影像的
农作物分类

第一节 绪 论

中国第一颗高分辨率合成孔径雷达（SAR）卫星 GF-3 于 2016 年 8 月发射升空。GF-3 有 12 种成像方式，是合成孔径雷达成像卫星家族中最具多样性的 1 种。GF-3 能够在各种成像模式之间自由切换，对地球和水体进行大范围拍摄，对特定区域进行详细拍摄。GF-3 的空间分辨率为 1~500 m，最大观测距离为 650 km。它可以提供全极化测量。入射角 20°~41°，天线方向可以是右或左。现在，越来越多的极化合成孔径雷达卫星将被发射和计划。有效利用这些极化 SAR 图像正成为关键问题。GF-3 SAR 数据的应用：Shao et al.（2017）从 GF-3 SAR 图像中评估风浪反演。An et al.（2018）使用新的陆地掩蔽策略、适当的海杂波模型和神经网络作为识别方案对 GF-3 SAR 图像中的船舶检测进行了研究。在分析 GF-3 合成孔径雷达图像中舰船特征的基础上，Pan et al.（2017）提出了有效的舰船检测方法，并将该方法用于检测长度为 70~300 m 的舰船。Liu et al.（2018）在武汉市进行了 RADRSAT-2 号和 GF-3 获取的时间序列极化 SAR 图像变化检测实验，取得了很好的效果。迄今为止，许多研究都是利用合成孔径雷达（SAR）数据对农作物进行分类研究，GF-3 已广泛应用于海洋、陆地表面测绘和城市监测等领域。但很少有研究关注利用 GF-3 SAR 数据进行旱地作物分类研究。在玉米收获状态研究中，目前的研究也偏少。本章利用 GF-3 卫星极化 SAR 数据，采用不同极化分解方法进行旱地作物及其他土地利用类型分类研究，比较不同极化分解方法的分类精度。

第二节 基于 GF-3 卫星极化 SAR 影像的旱地秋收作物分类

一、研 究 方 法

研究区位于河北省衡水市冀州区（37°18′40″~37°44′25″N，115°09′57″~115°41′07″E），使用 1 景 2017 年 8 月 17 日的 GF-3 卫星影像。这个时间段的主要作物类型为夏玉米和棉花。在本研究中，主要比较了 4 种极化分解方法（Freeman-Durden、Sato4、Singh4 和多参数分解方法）的分类效果。将研究区的土地覆盖类型归结为 4 类：玉米、棉花、建筑用地和水体，并于 2017 年 7 月利用差分 GPS 实地采集了玉米、棉花的样方边界和地理位置坐标数据并详细记录了其覆盖类型。为减少工作量且考虑到建筑物和水体随时间变动较小，研究获取了同时期的 GF-1 光学数据，通过多光谱和全色图像的融合得到了 2 m 分辨率的影像，建筑用地和水体样方的选取利用光学数据作为辅助。研究中针对每种地物类别共选择了 100 个典型地物样本，其中 70 个为训练样本，30 个为验证样本，样本的大小在 50 m×50 m。在分类中用到的主要分类算法为最大似然分类算法。图 8.1 给出了研究区地理位置及地面样点的空间分布。图 8.2 给出了本研究的技术路线。

二、不同极化分解方法下的旱地作物分类精度比较

为了优选适合 GF-3 卫星极化 SAR 影像旱地作物分类的极化分解方法，表 8.1 列出了 4 种极化分解方法下的旱地分类结果（总体、制

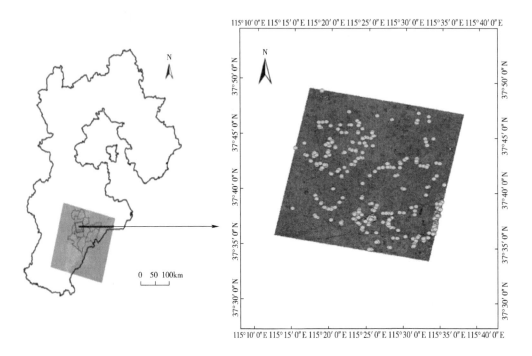

图 8.1　研究区地理位置及地面样点空间分布

注：图中黄色点为分类使用的地面样点。

图与用户精度及 Kappa 系数）。从表中可以看出，就分类的总体精度而言，利用 Sato4、Singh4 和新的多分量分解方法得到的极化参数与用 Freeman-Durden 分解方法得到的参数相比，具有更高的分类精度。采用 5 参数多分量分解方法，总体的分类精度可达到 88%以上，优于其他 3 种典型极化分解方法得到的旱地作物分类精度。图 8.3 给出了利用 Freeman-Durden 分解得到的 RGB 合成图。图 8.4 给出了 4 种极化分解方法下的旱地作物分类。

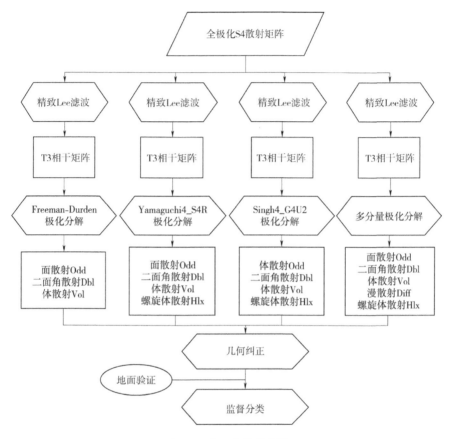

图 8.2　本研究技术路线

表 8.1　4 种极化分解方法下的旱地作物分类结果

分解方法	地表类型	制图精度（%）	用户精度（%）	总体精度（%）	Kappa 系数
Freeman-Durden	玉米	94.34	81.58	87.20	0.813 9
	棉花	80.00	66.31		
	建筑物	77.91	99.89		
	水体	98.14	95.20		
Sato4	玉米	93.50	81.53	87.40	0.816 7
	棉花	79.80	66.98		
	建筑物	79.28	99.98		
	水体	98.25	95.20		

（续表）

分解方法	地表类型	制图精度（%）	用户精度（%）	总体精度（%）	Kappa 系数
Singh4	玉米	95.95	79.86	87.34	0.814 9
	棉花	77.36	73.22		
	建筑物	77.24	100.00		
	水体	98.44	95.21		
多参数分解	玉米	95.69	81.16	88.37	0.829 8
	棉花	78.29	95.46		
	建筑物	79.95	99.99		
	水体	98.45	95.21		

图 8.3 基于 Freeman-Durden 分解的 RGB 合成图

注：R：Dbl；G：Vol；B：Odd。

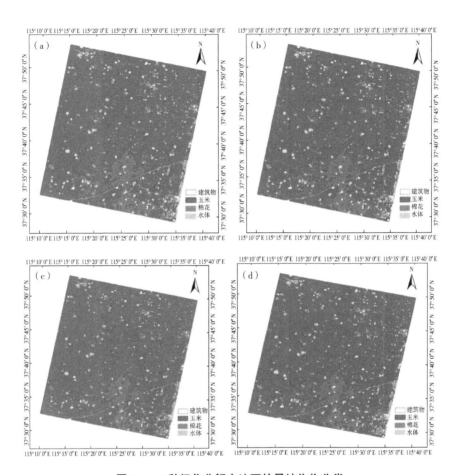

图 8.4 4 种极化分解方法下的旱地作物分类

注：（a）Freeman-Durden；（b）Sato4；（c）Singh4；（d）5 分量分解。

第三节 基于 GF-3 的玉米收获进程监测

一、研 究 方 法

本研究选取河北省武邑县为研究区，利用 GF-3 卫星极化 SAR 数据（数据获取时间为 2017 年 10 月 2 日）进行研究区玉米收获进程监测研究。将研究区的土地覆盖类型归结为 4 类：玉米、已收获玉米地、建筑用地和水体，并于 2018 年 9—10 月利用差分 GPS 实地采集了玉米、已收获玉米地的样方边界和地理位置坐标数据并详细记录了其覆盖类型。为减少工作量且考虑到建筑物和水体随时间变动较小，研究获取了同时期的 Planet 光学数据，建筑用地和水体样方的选取利用光学数据作为辅助。研究中针对每种地物类别共选择了 100 个典型地物样本，其中 70 个为训练样本，30 个为验证样本，样本的大小在 50 m×50 m。在分类中用到的分类算法为随机森林算法。图 8.5 给出了研究区地面样点空间分布，图 8.6 给出了本研究的总体技术路线。

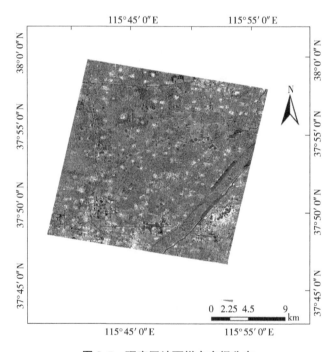

图 8.5　研究区地面样点空间分布

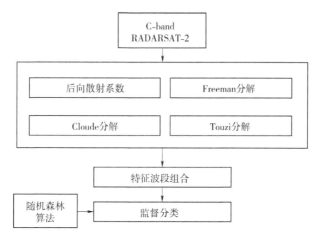

图 8.6　本研究的技术路线

二、不同极化特征下的玉米分类精度比较

　　为了筛选适合 GF-3 卫星极化 SAR 数据的玉米分类特征，表 8.2 列出了不同特征下的研究区玉米及其他典型地物的分类结果（总体精度、制图精度、用户精度及 Kappa 系数）。从表中可以看出，无论是总体精度还是制图与用户精度，利用 Freeman-Durden、Cloude 和 Touzi 目标分解方法提取的极化特征参数比单纯利用后向散射系数特征进行典型地物分类具有更高的精度。采用 Touzi 分解提取的特征参数进行玉米分类时，总体精度可达到 83% 以上，可以满足玉米收获状态监测的应用需求（图 8.7、图 8.8）。

表 8.2　不同极化特征下的玉米分类结果

极化特征	地表覆盖类型	制图精度（%）	用户精度（%）	总体精度（%）	Kappa 系数
后向散射系数	建筑物	79.42	89.25	77.60	0.684 8
	已收割地块	63.81	60.08		
	水体	96.38	97.37		
	玉米	77.47	72.33		

123

（续表）

极化特征	地表覆盖类型	制图精度（%）	用户精度（%）	总体精度（%）	Kappa 系数
Freeman 分解	建筑物	86.82	92.23	82.34	0.751 8
	已收割地块	72.13	66.80		
	水体	96.80	98.88		
	玉米	79.18	77.83		
Cloude 分解	建筑物	85.92	93.55	82.83	0.759 0
	已收割地块	74.33	66.99		
	水体	98.23	98.73		
	玉米	79.71	78.37		
Touzi 分解	建筑物	86.16	94.82	83.60	0.769 4
	已收割地块	73.45	69.03		
	水体	98.32	98.40		
	玉米	82.11	78.23		

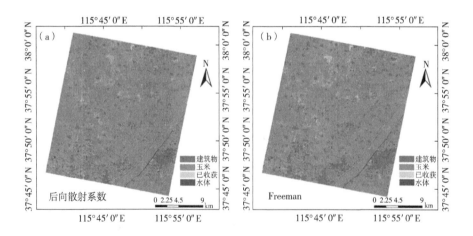

图 8.7 利用后向散射系数和 Freeman 分解得到的玉米分类

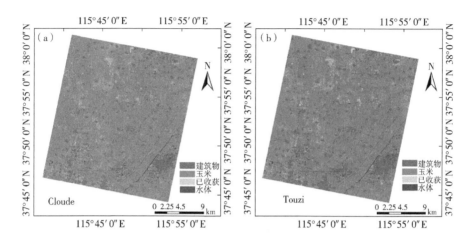

图 8.8　利用 Cloude 分解和 Tuzi 分解得到的玉米分类

第四节　本 章 小 结

本章使用 GF-3 卫星极化 SAR 数据进行旱地秋收作物分类及玉米收获进程研究，评价了各种目标分解方法和极化特征下的旱地作为分类精度。相比于后向散射系数特征，利用极化分解参数进行旱地作物分类时的精度更高。在 Freeman-Durden、Sato4、Singh4 和五分量分解 4种极化分解方法中，利用五分量分解方法提取的极化参数进行旱地作物分类的精度最高，其次是 Sato4 和 Singh4，Freeman-Durden 分解法进行旱地作物分类的精度较其他 3 种方法偏低，但不显著。

125

第九章 结论及展望

第一节 主要结论

旱地作物包含了重要的粮食作物（玉米、小麦等）和典型的经济作物（棉花、花生等），快速获取旱地作物面积信息，可为作物产量估计和保障粮食安全提供重要的数据支撑。华北地区作物生长的关键阶段云雨天气频繁，对光学影像获取的质量和数量带来的较大影响，从而降低了作物面积监测的准确性和时效性。由于合成孔径雷达不受云雨天气和雾霾的影响，不依赖太阳光成像，具有全天时、全天候监测的优点，在作物识别研究中得到广泛应用。与光学数据不同，极化SAR数据包含了目标的散射矩阵、几何结构细节和介电常数信息，对地表植被散射体的几何形状、高度都很敏感，能够弥补光学遥感的不足，在农作物识别和监测中具有独特优势。

随着SAR传感器的不断完善以及极化SAR图像处理技术的不断发展，利用极化SAR数据开展农作物分类识别的研究日渐增多。但依然存在一些不足：其一，当前研究多以识别水稻为主，对于难以识别的旱地作物研究较少；其二，目前对旱地作物识别精度不高，平均识别精度不足85%；其三，缺乏对不同作物散射机制及其随时相变化的研究，导致分类算法机理性不足，普适性较差。针对上述问题，本研究选取位于华北平原的河北省衡水市为典型研究区，利用多波段多源多时相极化SAR数据进行旱地作物分类研究，分析极化特征、SAR工作频率、时相、极化分解方法等因素对农作物分类精度的影响，优选农作物极化 SAR 分类所需的波段、特征、时相及极化分解方法。本研究得到的主要结论如下。

使用 2 景影像（7 月 14 日，9 月 24 日）的 11 特征 [7 月 14 日（玉米拔节期，棉花蕾期后期）平均散射角 $\bar{\alpha}$、香农熵、香农熵强度分量、特征值 1、特征值 3、MCSM 面散射分量、T 矩阵主对角线元素 1；9 月 24 日（玉米成熟期早期，棉花吐穗期中期）香农熵、香农熵强度分量、特征值 2、T 矩阵主对角线元素 2]，利用随机森林分类器，能够得到研究区的 4 种典型地物较为精确的分类精度（总体分类精度为 90.223 9%，Kappa 系数为 0.842 2）。在保证较高的分类精度前提下，能够有效降低提取旱地作物面积及空间分布的时耗，减少参与分类的影像数量，为基于 SAR 数据的旱地作物分类提供参考。

利用单时相数据的旱地作物识别中，使用 8 月 7 日（玉米抽穗期后期，棉花花铃期前期）的 RADARSAT-2 影像，使用不同分解方法得到的 39 个极化特征，结合随机森林分类器，可以使 2 种作物的分类精度达到最高（玉米生产精度 98.63%，用户精度 78.08%；棉花生产精度 63.67%，用户精度 76.04%；总体分类精度 78.98%，Kappa 系数 0.668 8）。

4 种典型散射类型（玉米、棉花、水体及建筑）中，玉米和棉花在整个生长周期内主要以体散射和面散射为主，二次散射和螺旋体散射功率一直处于较低状态，其中玉米表现出垂直偶极子特征，棉花表现出水平偶极子特征。

LAI 和株高是决定作物散射机制及其变化原因的重要因素。作物生长早期，株高及 LAI 均处于较小状态时，2 种作物都以面散射为主，随着作物的生长，株高逐渐增加，叶片逐渐茂盛，LAI 值越来越高，作物的散射机制逐渐变得复杂，主导的散射类型由面散射往体散射转换，棉花的体散射和螺旋体散射功率在生长周期内均大于玉米的体散射和螺旋体散射功率。

根据不同地物二面角散射、体散射、面散射功率的差异和变化趋势的不同，选取这 3 种极化特征结合随机森林分类器，对研究区 4 种典型地物（棉花、玉米、水体和建筑）的总体分类精度可以达到 94.47%，Kappa 系数为 0.914 3，能够满足华北地区旱地作物监测的实际运用需求，为旱地作物的分类特征选取提供参考。

基于紧致极化和伪全极化数据可以取得较好的作物分类精度，其中重构的伪全极化数据的分类精度和紧致极化数据相比具有明显的提升。

在地膜覆盖农田的分类中，C 波段全极化的 RADARSAR-2 数据可以取得比双极化的 TerraSAR-X 更高的精度。

在基于多波段雷达数据的棉花和玉米分类研究中 X 波段的 Terra-SAR-X 数据可以比 C 波段的 RADARSAT-2 和 L 波段的 ALOS-2 数据取得更高的精度。

从 GF-3 雷达数据的应用中看出，基于 GF-3 雷达数据的分类精度较高，可以较好的满足农作物和农业用地分类的业务需求。GF-3 雷达数据在农业领域的应用潜力值得进一步开发。

第二节　研究创新点

随着雷达遥感技术的发展，雷达作为一种可以实现全天时、全天候、大面积观测的技术，已经广泛应用于农业资源监测。以前雷达遥感在多云多雨的南方区域应用较多，针对我国北方旱地作物的相关研究较少。在紧致极化雷达数据的应用和地膜覆盖农田的雷达遥感分类方面，国内的相关研究都还较少，针对这些问题本书开展了系统的研究，比较了不同波段、不同分辨率的雷达数据在这些方面的应用效果。伴随着我国自主研发的 GF-3 雷达卫星于 2017 年成功发射，如何利用好这一卫星成为了比较迫切的问题。为此本书研究了 GF-3 雷达卫星在秋季作物分类和作物收获状态监测中的应用。这都属于雷达遥感应用领域的拓展和创新。

第三节　问题与展望

受科研条件、时间等因素制约，本研究存在一定不足，现将存在的主要问题总结如下。

目标分解理论提出至今，国内外学者已经提出了许多的分解方法，得到了一系列不同类型的散射特征，受限于自身学习能力及计算机硬件承载能力，本研究中仅使用了 39 个散射特征进行分类，若能增加参与分类的特征种类和数量，最终分类结果可能会更加精确，所优选的最终分类特征会更加适用于该研究区内旱地作物的分类识别。

对 2 种作物的散射机制进行了分析，如何利用散射机制的不同来选择和设计适用于玉米和棉花的分类识别算法来提高分类效率、改善分类精度仍需要后期进行研究。

地面调查实验中还测定了作物的垄向、叶倾角、株距、行距等生物学参数，如何将这些参数加入散射机制的分析中，又如何利用 SAR 数据对作物生长结构、介电常数、几何形态敏感的特点进行生物学参数反演还有待进一步研究。

在农作物和农用地膜分类研究中，用到的分类算法还比较单一，许多新的分类算法的应用如基于深度学习算法的分类实验等还需进一步的研究。

主要参考文献

蔡爱民,2011. 基于全极化 SAR 的典型旱作物散射机制分析与应用
　　研究[D].北京:中国科学院遥感应用研究所.

陈劲松,邵芸,李震,2004. 基于目标分解理论的全极化 SAR 图像神
　　经网络分类方法[J].中国图像图形学报,9(5):552-556.

陈军,杜培军,谭琨,2014. 一种基于 Pauli 分解和支持向量机的全极
　　化合成孔径雷达监督分类算法[J].科学技术与工程,14(17):
　　104-108.

陈水森,柳钦火,陈良富,等,2005. 粮食作物播种面积遥感监测研究
　　进展[J].农业工程学报,21(6):166-171.

丁娅萍,2013. 基于微波遥感的旱地作物识别及面积提取方法研究
　　[D].北京:中国农业科学院.

高晗,汪长城,杨敏华,等,2019. 基于 GF-3 极化 SAR 数据的农作物
　　散射特性分析及分类[J].测绘工程,28(3):50-56.

化国强,王晶晶,黄晓军,等,2011. 基于全极化 SAR 数据散射机理
　　的农作物分类[J].江苏农业学报,27(5):978-982.

李贺,2016. 区域冬小麦生长模拟遥感数据同化的不确定性研究
　　[D].北京:中国农业科学院.

李姣姣,刘玉,陈锟山,2018. 基于香农熵的极化 SAR 相干矩阵信息
　　量评价[J].遥感技术与应用,33 (5):842-849.

李坤,2012. 基于多层级极化 SAR 数据的水稻响应特征分析与识别
　　研究[D].北京:中国科学院遥感应用研究所.

刘吉凯,钟仕全,梁文海,2015. 基于多时相 Landsat 8 OLI 影像的作

物种植结构提取[J].遥感技术与应用,30(4):775-783.

鹿琳琳,郭华东,韩春明,2018.微波遥感农业应用研究进展[J].安徽农业科学,36(4):1289-1291.

钱永兰,杨邦杰,焦险峰,2007.基于遥感抽样的国家尺度农作物面积统计方法评估[J].农业工程学报,23(11):180-187.

任潇洒,2018.长春九台区农作物多源遥感分类方法研究[D].长春:吉林大学.

史飞飞,雷春苗,肖建设,等,2018.基于多源遥感数据的复杂地形区农作物分类[J].地理与地理信息科学,34(5):49-55.

宋超,徐新,桂容,等,2017.基于多层支持向量机的极化合成孔径雷达特征分析与分类[J].计算机应用,37(1):244-250.

孙勋,黄平平,涂尚坦,等,2016.利用多特征融合和集成学习的极化SAR图像分类[J].雷达学报,5(6):692-700.

孙政,周清波,杨鹏,等,2019.基于星载极化SAR数据的农作物分类识别进展评述[J].中国农业资源与区划,40(11):63-71.

唐华俊,吴文斌,杨鹏,等,2010.作物空间格局遥感监测研究进展[J].中国农业科学,43(14):2879-2888.

田海峰,邬明权,牛铮,等,2015.基于Radarsat-2影像的复杂种植结构下旱地作物识别[J].农业工程学报,31(23):154-159.

田昕,陈尔学,李增元,等,2012.基于多极化星载SAR数据的水稻/旱田识别——以江苏省海安县为例[J].遥感技术与应用,27(3):406-412.

王迪,周清波,陈仲新,等,2014.基于合成孔径雷达的农作物识别研究进展[J].农业工程学报,30(16):203-212.

王迪,周清波,刘佳,2012.作物面积空间抽样研究进展[J].中国农业资源与区划,33(2):9-14.

吴永辉,计科峰,李禹,等,2008.利用SVM的极化SAR图像特征选择与分类[J].电子与信息学报,30(10):2347-2351.

谢登峰,张锦水,潘耀忠,等,2015. Landsat 8 和 MODIS 融合构建高时空分辨率数据识别秋粮作物[J].遥感学报,19(5):791-805.

谢小曼,李俐,张迁迁,等,2019. SAR 遥感指数研究进展[J].中国农业信息,31(5):13-24.

邢兴,2017. 基于稀疏图的极化 SAR 半监督分类[D].西安:西安电子科技大学.

邢艳肖,张毅,李宁,等,2016. 一种联合特征值信息的全极化 SAR 图像监督分类方法[J].雷达学报,5(2):217-227.

徐佳,袁春琦,程圆娥,等,2018. 基于主动深度学习的极化 SAR 图像分类[J].国土资源遥感,30(1):72-77.

徐一凡,刘爱芳,徐辉,等,2017. 基于改进三分量模型的全极化 SAR 图像分类[J].电子测量技术,40(12):220-227.

杨邦杰,裴志远,周清波,等,2002. 我国农情遥感监测关键技术研究进展[J].农业工程学报,18(3):191-194.

杨沈斌,李秉柏,申双和,等,2008a. 基于多时相多极化差值图的稻田识别研究[J].遥感学报,12(4):613-619.

杨沈斌,2008b. 基于 ASAR 数据的水稻制图与水稻估产研究[D].南京:南京信息工程大学.

张焕雪,2017. 农田景观模型及其对农作物遥感识别与面积估算的影响研究[D].北京:中国科学院大学(中国科学院遥感与数字地球研究所).

张腊梅,段宝龙,邹斌,2016. 极化 SAR 图像目标分解方法的研究进展[J].电子与信息学报,38(12):3289-3297.

张云柏,2004. ASAR 影像应用于水稻识别和面积测算研究——以江苏宝应县为例[D].南京:南京农业大学.

周晓光,匡纲要,万建伟,2008. 极化 SAR 图像分类综述[J].信号处理,24(5):806-812.

朱腾,余洁,李小娟,2015. 基于超像素与 Span-Pauli 分解的 SAR 影像分类[J].华中科技大学学报(自然科学版),43(7):77-81.

邹斌,张腊梅,孙德明,等,2009.PolSAR 图像信息提取技术及应用的发展[J].遥感技术与应用,24(3):263-273.

AGÜERA F,LIU J,2009. Automatic greenhouse delineation from Quickbird and IKONOS satellite images[J].Computers and electronics in agriculture,66(2):191-200.

AINSWORTH T L,KELLY J P,LEE J S,2009. Classification comparisons between dual-pol,compact polarimetric and quad-pol SAR imagery[J]. ISPRS Journal of photogrammetry and remote sensing,64(5):464-471.

ALLAIN S,FERRO-FAMIL L,POTTIER E,September 20-24,2004. Proceeding of International Geoscience and Remote Sensing Symposium[C].Anchorage:IEEE.

AN Q,PAN Z,YOU H,2018. Ship detection in Gaofen-3 SAR images based on sea clutter distribution analysis and deep convolutional neural network[J].Sensors,18(2),334.

ASCHBACHER J,PONGSRIHADULCHAI A,KARNCHANASUTHAM S,et al.,July 10-14,1995. Proceeding of International Geoscience and Remote Sensing Symposium[C].Firenze:IEEE.

BAGHDADI N,BOYER N,TODOROFF P,et al.,2011. Potential of SAR sensors TerraSAR-X, ASAR/ENVISAT and PALSAR/ALOS for monitoring sugarcane crops on Reunion Island[J].Remote sensing of environment,113(8):1724-1738.

BAI L,HAN Q,HAI J,2010. Effects of mulching with different kinds of plastic film on growth and water use efficiency of winter wheat in Weibei Highland[J]. Agricultural research in the arid areas,28:135-139.

BALLESTER-BERMAN J D,LOPEZ-SANCHEZ J M,2012. Time series

of hybrid-polarity parameters over agricultural crops[J].IEEE Geoscience and remote sensing letters,9(1):139-143.

BARGIEL,DAMIAN,2017.A new method for crop classification combining time series of radar images and crop phenology information [J].Remote sensing of environment,198:369-383.

BLAES X,VANHALLE L,DEFOURNY P,2005. Efficiency of crop identification based on optical and SAR image time series[J]. Remote sensing of environment,96(3):352-365.

CHARBONNEAU F J,BRISCO B,RANEY R K,et al,2010. Compact polarimetry overview and applications assessment[J].Canadian journal of remote sensing,36(2):298-315.

CHEN J,HAN Y,ZHANG J,August 11-14,2014. Proceeding of Third International Conference on Agro-Geoinformatics[C].Beijing:IEEE.

CHEN K,HUANG W,TSAY D,et al,1996. Classification of Multifrequency Polarimetric SAR Imagery Using a Dynamic Learning Neural Network[J].IEEE Transactions on geoscience and remote sensing,34 (3):814-820.

CHIRAKKAL S,HALDAR D,MISRA A,2019. A knowledge-based approach for discriminating multi-crop scenarios using multi-temporal polarimetric SAR parameters[J].International journal of remote sensing,40(10):4002-4018.

CHOUDHURY I,CHAKRABORTY M,2006. SAR signature investigation of rice crop using RADARSAT data[J].International journal of remote sensing,27(3):519-534.

CLOUDE S R,POTTIER E,1997. An Entropy Based Classification Scheme for Land Applications of Polarimetric SAR[J].IEEE Transactions on geoscience and remote sensing,35(1):68-78.

CLOUDE S R,POTTIER E,1996. A review of target decomposition theorems in radar polarimetry[J].IEEE Transactions on geoscience and remote sensing,34(2):498-518.

DABBOOR M,GELDSETZER T,2014. Towards sea ice classification using simulated RADARSAT Constellation Mission compact polarimetric SAR imagery [J]. Remote sensing of environment, 140: 189-195.

DESCHAMPS B,MCNAIRN H,SHANG J,et al,2012. Towards operational radar-only crop type classification:comparison of a traditional decision tree with a random forest classifier[J].Canadian journal of remote sensing,38(1):60-68.

DICKINSON C,SIQUEIRA P,CLEWLEY D,et al,2013. Classification of forest composition using polarimetric decomposition in multiple landscapes[J].Remote sensing of environment,131:206-214.

DONG H,XU X,YANG R,et al,2019. Component Ratio-Based Distances for Cross-Source PolSAR Image Classification[J].IEEE Geoscience and remote sensing letters,17(5):824-828.

DU P,SAMAT A,WASKE B,et al,2015. Random forest and rotation forest for fully polarized SAR image classification using polarimetric and spatial features [J]. ISPRS Journal of photogrammetry and remote sensing,105:38-53.

DURDEN S L,VANZYL J J,Zebker H A,1990. The Unpolarized Component in Polarimetric Radar Observations of Forested Areas[J].IEEE Transactions on geoscience and remote sensing,28(2):268-271.

FERRAZZOLI P,GUERRIERO L,SCHIAVON G,1999. Experimental and model investigation on radar classification capability[J]. IEEE Transactions on geoscience and remote sensing,37(2):960-968.

FREEMAN A,DURDEN S L,1998. A three-component scattering model for polarimetric SAR data[J].IEEE Transactions on geoscience and remote sensing,36(3):963-973.

GAO H,WANG C,WANG G,et al,2018. A crop classification method integrating GF-3 PolSAR and Sentinel-2A optical data in the Dongting lake basin[J].Sensor,18(9):3139.

GISLASON P O,BENEDIKTSSON J A,SVEINSSON J R,2006. Random Forests for landcover classification[J]. Pattern recognition letters,27 (4):294-300.

HASITUYA,CHEN Z,LI F,et al,2017. Mapping pastic-mulched farmland with C-band full polarization SAR remote sensing data[J].Remote sensing,9(12),1264.

HASITUYA,CHEN Z,WANG L,et al,2016. Monitoring Plastic-Mulched Farmland by Landsat-8 OLI Imagery Using Spectral and Textural Features[J].Remote sensing,8(4),353.

HILL M J,TICEHURST C J,LEE J S,et al,2005. Integration of optical and radar classifications for mapping pasture type in Western Australia[J].IEEE Transactions on geoscience and remote sensing,43 (7):1665-1681.

HONG G, ZHANG A, ZHOU F, et al, 2014. Integration of optical and synthetic aperture radar (SAR) images to differentiate grassland and alfalfa in prairie area[J].International journal of applied earth observations and geoinformation,28:12-19.

HUANG X, LIAO C, XING M, et al, 2019. A multi-temporal binary-tree classification using polarimetric RADARSAT-2 imagery [J]. Remote sensing of environment,235(15),111478.

HUANG X, WANG J, SHANG J, et al, 2017. Application of polarization signature to land cover scattering mechanism analysis and classification using multi-temporal C-band polarimetric RADARSAT-2 imagery[J].Remote sensing of environment,193:11-28.

HUANG X,WANG J,SHANG J,2015. Simplified adaptive volume scattering model and scattering analysis of crops over agricultural fields using the RADARSAT-2 polarimetric synthetic aperture radar imagery [J].Journal of applied remote sensing,9(1),096026.

HUANG Y,WALKER J,GAO Y,et al,2016. Estimation of vegetation water content from the radar vegetation index at L-Band[J]. IEEE Transactions on geoence and remote sensing,54(2):981-989.

HUYNEN J R,1978.Phenomenological theory of radar targets[J].Electromagnetic scattering,653-712.

JAFARI M,MAGHSOUDI Y,VALADAN ZOEJ M,2015. A new method for land cover characterization and classification of polarimetric SAR data using polarimetric signatures[J].IEEE Journal of selected topics in applied earth observations and remote sensing,8(7):3595-3607.

JIA K,LI Q,TIAN Y,et al,2012. Crop classification using multi-configuration SAR data in the north China plain[J].International journal of remote sensing,33(1):170-183.

JIAO X,KOVACS J,SHANG J,et al,2014. Object-oriented crop mapping and monitoring using multi-temporal polarimetric RADARSAT-2 data[J].ISPRS Journal of photogrammetry and remote sensing,96:38-46.

KUMAR V,MANDAL D,BHATTACHARYA A,et al,2020. Crop characterization using an improved scattering power decomposition technique for compact polarimetric SAR data[J].International journal of applied earth observation and geoinformation,88,102052.

LANORTE A,SANTIS F,NOLÈ G,et al,2017. Agricultural plastic waste spatial estimation by Landsat 8 satellite images[J].Computers and electronics in agriculture,141:35-45.

LARRAÑAGA A,ÁLVAREZ-MOZOS J,2016. On the added value of

quad-pol data in a multi-temporal crop classification framework based on RADARSAT-2 Imagery[J].Remote sensing,8(4):335.

LE TOANT,1989. Multitemporal and dual-polarization observations of agricultural vegetation covers by X-band SAR images[J].IEEE Transactions on geoscience and remote sensing,27(6):709-718.

LEE JS, GRUNES M, POTTIER E, 2001. Quantitative comparison of classification capability:fully polarimetric versus dual and single-polarization SAR [J]. IEEE Transactions on geoscience and remote sensing,39(11):2343-2351.

LI H, ZHANG C, ZHANG S, et al, 2019. Full year crop monitoring and separability assessment with fully-polarimetric L-band UAVSAR: A case study in the Sacramento valley, California[J]. International journal of applied Earth observation and geoinformation,74:45-56.

LI Y,LAMPROPOULOS G, July 10-15,2016. Proceeding of International Geoscience and Remote Sensing Symposium [C]. Beijing: IEEE.

LIU C,CHEN Z,SHAO Y,et al,2019. Research advances of SAR remote sensing for agriculture applications:A review[J].Journal of integrative agriculture,18(3):506-525.

LIU C, SHANG J, VACHON P W, et al, 2013. Multiyear Crop Monitoring Using Polarimetric RADARSAT-2 Data[J].IEEE Transactions on geoscience and remote sensing,51(4):2227-2240.

LOPEZ-SANCHEZ J M,VICENTE-GUIJALBA F,BALLESTER-BERMAN J D et al, 2014. Polarimetric response of rice fields at C-band:Analysis and phenology retrieval[J].IEEE Transactions on geoscience and remote sensing,52(5):2977-2993.

LU L, DI L, YE Y, 2014. A Decision-Tree Classifier for Extracting Transparent Plastic-Mulched Landcover from Landsat-5 TM Images

[J].IEEE Journal of selected topics in applied earth observations and remote sensing,7(11):4548-4558.

LU L,TAO Y,DI L,2018. Object-based plastic-mulched landcover extraction using integrated Sentinel-1 and Sentinel-2 data[J].Remote Sensing,10(11),1820.

MA Q,WANG J,SHANG J,et al,August 12-16,2013. Proceeding of Second International Conference on Agro-geoinformatics[C].Fairfax:IEEE.

MCNAIRN H,CHAMPAGNE C,SHANG J,et al,2009a. Integration of optical and Synthetic Aperture Radar (SAR) imagery for delivering operational annual crop inventories[J].ISPRS Journal of photogrammetry and remote sensing,64(5):434-449.

MCNAIRN H, KROSS A, LAPEN D, et al, 2014. Early season monitoring of corn and soybeans with TerraSAR-X and RADARSAT-2 [J].International journal of applied earth observation and geoinformation,28:252-259.

MCNAIRN H,SHANG J,CHAMPAGNE C,et al,July 12-17,2009b. Proceeding of International Geoscience and Remote Sensing Symposium[C].Capetown:IEEE.

MCNAIRN H, SHANG J, JIAO X, et al, 2009c. The contribution of ALOS PALSAR multipolarization and polarimetric data to crop classification[J].IEEE Transactions on geoscience and remote sensing,47(12):3981-3992.

NORD M E, AINSWORTH T L, LEE J S, et al, 2009. Comparison of compact polarimetricSynthetic Aperture Radar modes[J].IEEE Transactions on geoscience and remote sensing,47(1):174-188.

NOVELLI A,AGUILAR M,NEMMAOUI A,et al,2016. Performance evaluation of object based greenhouse detection from Sentinel-2 MSI and Landsat 8 OLI data: A case study from Almería (Spain)[J]. International journal of applied earth observation and geoinformation, 52: 403-411.

OKA O, AKAR O, GUNGOR O, 2012. Evaluation of random forest method for agricultural crop classification[J]. European journal of remote sensing, 45(1): 421-432.

PAN Z, LIU L, QIU X, et al, 2017. Fast vessel detection in gaofen-3 SAR images with ultrafine strip-map mode[J]. Sensors, 17(7): 1578.

PICUNO P, TORTORA A, CAPOBIANCO R, 2011. Analysis of plasticulture landscapes in Southern Italy through remote sensing and solid modelling techniques[J]. Landscape and urban planning, 100(1-2): 45-56.

POPE K O, REY-BENAYAS J M, PARIS J F, 1994. Radar remote sensing of forest and wetland ecosystems in thecentral American tropics [J]. Remote sensing of environment, 48(2): 205-219.

QI Z, YEH A G O, LI X, et al, 2012. A novel algorithm for land use and land cover classification using RADARSAT-2 polarimetric SAR data [J]. Remote sensing of environment, 118: 21-39.

RABIGER M, July 25-30, 2010. Proceeding of International Geoseience and Remote Sensing Symposium[C]. Honolulu: IEEE.

RANEY R K, CAHILL J T, PATTERSON G W, et al, July 22-27, 2012a. Proceeding of International Geoscience and Remote Sensing Symposium[C]. Munich: IEEE.

RANEY R K, CAHILL J T, PATTERSON G, et al, 2012b. The m-chi decomposition of hybrid dual-polarimetric radar data with application to lunar craters[J]. Journal of geophysical research planets, 117 (EOOH21).

RANEY R K, 2007. Hybrid-Polarity SAR Architecture[J]. IEEE Trans-

140

actions on geoscience and remote sensing,45(11):3397-3404.

RATHA D,MANDAL D,KUMAR V,et al,2019. A generalized volume scattering model-based vegetation index from polarimetric SAR data[J]. IEEE Geoscience and remote sensing letters, 16 (11): 1791-1795.

RÉFRÉGIER P,MORIO J,2007. Shannon entropy of partially polarized and partially coherent light with Gaussian fluctuations[J]. Journal of the optical society of america a optics image science and vision,23 (12):3036-3044.

RIBBES F,LE TOAN T,1999. Rice field mapping and monitoring with RADARSAT data[J].International journal of remote sensing,20(4): 745-765.

RODRIGUEZ-GALIANO V F,CHICA-OLMO M,ABARCA-HERNAN-DEZ F,et al,2012. Random Forest classification of Mediterranean land cover using multi-seasonal imagery and multi-seasonal texture [J].Remote sensing of environment,121:93-107.

SALBERG A B,RUDJORD O,SOLBERG A H S,2014. Oil spill detection in hybrid-polarimetric SAR images[J].IEEE Transactions on geoscience and remote sensing,52(10):6521-6533.

SALEHI B, DANESHFAR B, DAVIDSON A, 2017. Accurate crop-type classification using multi-temporal optical and multi-polarization SAR data in an object-based image analysis framework [J]. International journal of remote sensing,38(14):4130-4155.

SHANG J,MCNAIRN H,CHAMPAGNE C,et al,2009. Advances in Geoscience and Remote Sensing[M].Rijeka:Intech.

SHAO W,SHENG Y,SUN J,2017. Preliminary assessment of wind and wave retrieval fromChinese Gaofen-3 SAR imagery[J].Sensors,17: 1-13.

SHAO Y, FAN X, LIU H, et al, 2001. Rice monitoring and production estimation using multitemporal RADARSAT[J]. Remote sensing of environment, 76(3):310-325.

SHELESTOV A, KUSSUL N, SKAKUN S, et al, July 13-18, 2014. Proceeding of International Geoscience and Remote Sensing Symposium [C]. Quebec: IEEE.

SHIMONI M, BORGHYS D, HEREMANS R, et al, 2009. Fusion of PolSAR and PolInSAR data for land cover classification[J]. International journal of applied earth observation and geoinformation, 11(3): 169-180.

SHUAI G, ZHANG J, BASSO B, et al, 2019. Multi-temporal RADARSAT-2 polarimetric SAR for maize mapping supported by segmentations from high-resolution optical image[J]. International journal of applied earth observation and geoinformation, 74:1-15.

SILVA W, RUDORFF B, FORMAGGIO A, et al, 2009. Discrimination of agricultural crops in a tropical semi-arid region of Brazil based on L-band polarimetric airborne SAR data[J]. ISPRS Journal of photogrammetry and remote sensing, 64(5):458-463.

SKAKUN S, KUSSUL N, SHELESTOV A Y, et al, 2016. Efficiency Assessment of Multitemporal C-Band Radarsat-2 Intensity and Landsat-8 Surface Reflectance Satellite Imagery for Crop Classification in Ukraine [J]. IEEE Journal of selected topics in applied earth observations and remote sensing, 9(8):3712-3719.

SKRIVER H, MATTIA F, SATALINO G, et al, 2011. Crop classification using short-revisit multitemporal SAR data[J]. IEEE Journal of selected topics in applied earth observations and remote sensing, 4(2): 423-431.

SKRIVER H, 2012. Crop classification by multitemporal C- and L-band single- and dual-polarization and fully polarimetric SAR [J]. IEEE Transactions on geoscience and remote sensing, 50 (6): 2138-2149.

SMITH A, EDDY P, BUGDEN-STORIE J, et al, 2006. Multipolarized radar for delineating within-field variability in corn and wheat[J]. Canadian journal of remote sensing, 32(4): 300-313.

SONOBE R, TANI H, WANG X, et al, 2014. Random forest classification of crop type using multi-temporal TerraSAR-X dual-polarimetric data[J]. Remote sensing letters, 5(1-3): 157-164.

SOUYRIS J C, IMBO P, FJORTOFT R, et al, 2005. Compact polarimetry based on symmetry properties of geophysical media: The/spl pi//4 mode[J]. IEEE Transactions on geoscience and remote sensing, 43(3): 634-646.

TAMIMINIA H, HOMAYOUNI S, MCNAIRN H, et al, 2017. A particle swarm optimized kernel-based clustering method for crop mapping from multi-temporal polarimetric L-Band SAR observations[J]. International journal of applied earth observation and geoinformation, 58: 201-212.

TURKER M, OZDARICI A, 2011. Field-based crop classification using SPOT4, SPOT5, IKONOS and QuickBird imagery for agricultural areas[J]. International journal of remote sensing, 32(24): 9735-9768.

VALCARCE-DIÑEIRO R, ARIAS-PÉREZ B, LOPEZ-SANCHEZ J, et al, 2019. Multi-temporal dual- and quad-polarimetric synthetic aperture radar data for crop-type mapping[J]. Remote sensing, 11 (13): 1518.

VAN DER LINDEN S, RABE A, HELD M, et al, 2015. The EnMAP-Box: A Toolbox and Application Programming Interface for EnMAP Data Processing[J]. Remote sensing, 7(9): 11249-11266.

WANG X Y, GUO Y G, He J, et al, 2016. Fusion of HJ1B and ALOS PALSAR data for land cover classification using machine learning methods[J]. International journal of applied earth observation and geoinformation, 52: 192-203.

WHELEN T, SIQUEIRA P, 2017. Use of time-series L-band UAVSAR data for the classification of agricultural fields in the San Joaquin Valley[J]. Remote sensing of environment, 193: 216-224.

XIE L, ZHANG H, Li H et al, 2015. A unified framework for crop classification in southern China using fully polarimetric, dualpolarimetric, and compact polarimetric SAR data[J]. International journal of remote sensing, 36(14): 3798-3818.

XIE Q, WANG J, LIAO C, et al, 2019. On the use of neumann decomposition for crop classification using multi-temporal RADARSAT-2 polarimetric SAR data[J]. Remote sensing.11(7): 776.

CHEN X, SHEN Z, XING T, 2016. Efficiency and accuracy analysis of multispectral image classification based on mRMR feature selection method[J]. Journal of geo-information science, 18(6): 815-823.

YAMAGUCHI Y, MORIYAMA T, ISHIDO M, et al, 2005. Four-component scattering model for polarimetric SAR image decomposition[J]. IEEE Transactions on geoscience and remote sensing, 43(8): 1699-1706.

YAN C, MEI X, HE W, et al, 2006. Present situation of residue pollution of mulching plastic film and controlling measures[J]. Transactions of the chinese society of agricultural engineering, 22(11): 269-272.

YANG D, CHEN J, ZHOU Y, et al, 2017. Mapping plastic greenhouse with medium spatial resolution satellite data: Development of a new spectral index[J]. ISPRS Journal of photogrammetry and remote sensing,128:47-60.

YANG S,SHEN S,ZHAO X,August 12-16,2012. Assessment of RADARSAT-2 quad-polarization SAR data in rice crop mapping and yield estimation.Proceedings of SPIE the International Society for Optical Engineering[C].San Diego:SPIE.

YANG Z,LI K,LIU L,et al,2016. Rice growth monitoring using simulated compact polarimetric C band SAR[J].Radio science,49(12): 1300-1315.

YIN J,YANG J,ZHANG Q,2017. Assessment of GF-3 Polarimetric SAR Data for Physical Scattering Mechanism Analysis and Terrain Classification[J].Sensors,17(12):2785.

ZEYADA H,EZZ M,NASR A,et al,2015. Classification of Crops using Polarimetric SAR Parameters based on Scattering Mechanism[J].Intelligent transportation systems journal,15(1):55-62.

ZEYADA H,EZZ M,NASR A,et al,2016. Evaluation of the discrimination capability of full polarimetric SAR data for crop classification [J].International journal of remote sensing,37(11):2585-2603.

ZHANG L,ZOU B,CAI H,et al,2008. Multiple-Component Scattering Model for Polarimetric SAR Image Decomposition [J].IEEE Geoscience and remote sensing letters,5(4):603-607.

ZHANG L,ZOU B,ZHANG J,et al,2010. Classification of Polarimetric SAR Image Based on Support Vector Machine Using Multiple-Component Scattering Model and Texture Features[J].EURASIP Journal on advances in signal processing.2010(1):1-10.

ZYL J J V,ZEBKER H A,Elachi C,1987. Imaging radar polarization signatures:Theory and observation[J].Radio science,22(4): 529-543.

附件 主要符号对照表

英文缩写	英文全称	中文名称
SAR	Synthetic Aperture Radar	合成孔径雷达
SVM	Support Vector Machine	支持向量机
RF	Random Forest	随机森林
PCA	Principl Component Analysis	主成分分析
Radar	Radio Detection and Ranging	雷达
RAR	Real Aperture Radar	真实孔径雷达
RR	Range Resolution	距离向分辨率
AR	Azimuth Resolution	方位向分辨率
InSAR	Interferometric Synthetic Aperture Radar	干涉测量雷达
LAI	Leaf Area Index	叶面积指数
SERD	Single Bounce Eigenvalue Relative Difference	单次反射特征值相对差异度
DERD	Double Bounce Eigenvalue Relative Difference	双次反射特征值相对差异度
PH	Pedestal Height	基高
MCSM	Multiple Component Scattering Model	多分量散射模型
IDL	Interactive Data Language	交互式数据语言